화장품 사용자의 필독 교양서

# 화장품의 정석

김주덕 · 김지은 · 김행은 · 곽나영

공저

BOOK STAR

# "화장품도 학문이 된다고요?"

대학에서 처음 화장품을 가르친다 했을 때 열에 아홉은 그렇게 되물었습니다. 대한민국 최초로, 이름도 생소한 '향장학'이라는 개념을 도입하여 32년 세월을 후학 양성에 온 힘을 쏟아왔습니다. 그 수백의 제자들이 이제는 세계 무대를 넘나들며 대한민국 K-뷰티 산업을 이끄는 역군으로 각자의 역할과 소임을 다하고 있습니다.

기초 공사가 잘 된 건물은 무너지지 않습니다. 대한민국 화장품 산업이 이처럼 눈부시게 발전하여 세계적인 품질과 가치를 인정받을 수 있게 된 배경에는 여전히 배움의 자세로 나아가고 있는 실력 탄탄한 전문가들이 있습니다.

대한민국은 전 세계 수출 3, 4위를 다투는 화장품 강국입니다. 해외를 나가보면 우리의 화장품 산업 위상이 어느 정도인지 쉽게 알 수 있을 것입니다. 그러나 우려되는 점도 있습니다. SNS가 우리의 일상을 점령하면서 확인되지 않은 정보, 검증되지 않은 주장이 마치 사실인 양 호도되는 경우가 너무 많아진 것입니다. 때로는 언론매체, 서점가에 진열된 교양서조차 자극적인 제목으로 독자들을 현혹하며 잘못된 정보를 여과 없이 내보내고 있어 안타까움을 금할 길이 없습니다.

그간 각종 언론매체 인터뷰와 뉴스 및 교양 프로그램 출연 제의가 들어올 때마다 여건이 허락하는 한 시간을 내어 응하려 노력하였습니다. 소비자들에게 화장품과 미용에 관련된 올바른 정보를 전달해야 한다는 사명감이 숫기 없는 저를 카메라 앞으로 이끌었던 것입니다.

　이 책은 지난 32년간 대학 강단에 서면서 방송과 신문 등을 통해 언급하였던, 소비자들이 가장 궁금해하는 화장품에 관한 이슈들을 차곡차곡 글로 정리한 것입니다. 아끼는 제자들과 함께 지난 수십 년간의 자료를 다시 뒤지며 부족한 내용은 보충하고, 수정해야 할 것들은 세심하게 다듬었습니다. 세간에 잘못 알려진 정보도 바로 잡으려 노력하였습니다. 대한민국 화장품 산업의 미래에 대한 견해도 덧붙여 보았습니다.

　우리 국민 모두가 화장품에 대해 제대로 알고, 올바르고 건강하게 사용하는 것만으로도 대한민국은 글로벌 뷰티의 진정한 리더가 될 수 있습니다. K-뷰티의 무궁한 발전을 기원하며, 방대한 자료를 하나의 책으로 엮어 갈무리할 수 있도록 도와준 나의 제자 김지은, 김행은, 곽나영 교수에게 다시 한번 감사의 뜻을 전합니다.

연구실에서 2025년, 김주덕

1970년대, 앨빈 토플러는 그의 저서 《미래의 충격》을 통해 정보의 홍수Information Overload 시대를 예견하면서 과도한 정보가 인간에게 줄 압도감과 불안감, 사회적 혼란에 대해 이야기하였습니다. 정보화 시대와 AI 시대, 우리는 정말로 그가 예견한 대로 너무 많은 정보에 불안해하며 소비에 대한 '선택 장애', '결정 장애'를 앓고 있습니다. 질병은 아니지만 병증에 가까운 괴로움을 동반하는 이 정보의 범람에 우리는 어떻게 대처해야 할까요?

30년 넘는 세월 화장품 산업에 종사하면서 사치재로만 인식되던 화장품이 국민의 건강과 위생을 담당하는 중요한 '소비재'로 자리하고, 변방의 나라 대한민국의 화장품 산업이 세계의 뷰티 트렌드를 주도하는 감격스러운 순간까지 맞이하게 되었습니다.

이 모든 영광의 뒤편에는 산업 발전을 위해 묵묵히 연구자로서의 소임을 다해 온 이들이 있었습니다. 비즈니스를 위해 이국의 땅을 방문할 때마다 세계인들이 한결같이 놀라워하는 것도 바로 우리의 기술력, 그리고 산업 종사자들이 갖춘 깊이 있는 통찰과 뛰어난 역량이었습니다. 이는 그 무엇과도 바꿀 수 없는 소중한 우리의 국가 자산입니다.

최근 SNS와 인플루언서를 비롯한 수많은 정보 매체에서 화장품과 관련된 왜곡된 정보를 사실인 양 쏟아낼 때마다 지금까지 쌓아 온 피땀 어린 노력과 역량이 우리 스스로에 의해 호도되어 무너지는 것은 아닐지 걱정스러운 마음으로 지켜볼 수밖에 없었습니다. 그러하기에 화장품에 대한 올바른 지식과 정보를 담은 이 책은 더없이 소중하고 가치 있습니다.

저자이신 김주덕 교수님은 방송과 언론 매체를 통해 많이 소개되신 분이기도 하지만, 우리가 그분을 언제나처럼 신뢰하고 존경할 수 있었던 이유는 단 한 번도 편향된 정보, 소비자의 불안을 가중시키는 잘못된 정보를 전하는 오류를 범하지 않기 위해 노력하셨던 분임을 잘 알고 있기 때문입니다. 이제서야 교수님의 저서가 출간된 것이 아쉽습니다.

이 책을 계기로, 화장품에 대한 막연한 불신과 불안에 시달렸던 많은 분의 마음이 조금 더 건강하고 아름답게 치유되길 바랍니다. 대한민국 소비자, 나아가 세계의 소비자들이 보다 건강한 일상을 살아갈 수 있기를 고대하며 집필에 애써 주신 김주덕 교수님과 김지은 교수, 김행은 교수, 곽나영 교수에게 다시금 감사한 마음을 전합니다.

㈜H&A파마켐 지홍근 CTO

목차

# PART 6   나만의 강력한 뷰티 루틴을 만들자                225

PART 1

# 증명되지 않은 독성

4無 처방의 진실

화장품 쇼핑을 하다 보면 '4無 처방', '8無 처방'이라는 문구를 어렵지 않게 만나게 된다. 이 문구는 어느새 '현명한 소비자'의 선택을 돕는 절대 기준처럼 당연해졌다. 방부제나 향료, 색소, 실리콘, 광물성 오일, 에탄올, 계면활성제 등을 넣지 않은 '착한 화장품'이라는 것이 화장품 회사들의 주장으로, 이런 성분 가이드를 따르지 않는 사람들은 화장품에 무지하거나 무관심한 사람으로 치부되기 일쑤다.

"화장품 전문가라면서 성분도 따져 보지 않고 화장품을 산다고?"

믿기 힘들다는 눈빛으로 되묻는 사람들에게 어디서부터 설명해야 할지 난감해지는 일이 자주 발생한다. 어째서 사람들은 진짜 전문가들의 이야기보다 SNS를 떠도는 검증되지 않은 정보나 화장품 성분 관련 앱에서 제공하는 단편적인 정보에 이토록 열광하는 것인지 답답하고 억울한 마음도 커진다. 유튜브나 인스타그램의 인기 있는 대중들이 화장품 전문가라고 믿고 있는 뷰티 인플루언서 중 화장품 회사들의 공포 마케팅에 휘둘리지 않고, 위에서 열거한 성분의 역할과 기능, 유독성 여부에 대해 제대로 알고 설명해 줄 수 있는 사람이 과연 몇이나 될까.

# 공포 마케팅

"화학을 통한 더 나은 삶"

1935년 세계적인 화학 기업 듀폰Dupont사가 내세운 광고 슬로건은 과학이 바꿔 놓을 인류의 장밋빛 미래를 예견하는 것이었다. 그러나 과학의 발전이 인간의 삶을 아름답고 풍요롭게만 변화시킨 것은 아니었다. 전쟁과 환경 파괴, 유해 정보의 만연, 반생명 윤리적 연구 행위 등 과학의 진보와 함께 등장한 문제들은 인류는 물론 지구 환경 전체를 심각하게 위협하고 있다. 오늘날 듀폰의 슬로건이 과학적 진보가 낳은 폐해를 꼬집는 말로 더 많이 사용되는 이유다.

과학 발전에 대한 회의적 시각은 수많은 포비아를 양산하는 기폭제가 되어 이들을 겨냥한 소비의 또 다른 한 축을 담당하는 아이러니를 낳고 있다. 공포 마케팅은 한마디로 소비자들의 불안과 공포, 혐오를 이용해 물건을 구매하게 만드는 마케팅 기법이다. 건강이나 사회적 안녕을 위협하는 요소를 강조함으로써 반대급부의 안전장치를 구매하도록 하는 것으로, 이는 주로 의약품이나 보험, 식품 광고 등에 많이 이용되고 있으며 화장품을 비롯한 미용 관련 제품의 광고에도 자주 등장한다. 악용될 경우 나쁜 것이 아닌 것이 '나쁜 것'으로 오인될 수 있는데, 대표적인 사례가 식품에서 자주 거론되는 'MSG'나 '글루텐' 같은 것들이다.

미용 업계에서는 100여 년 전 질레트사가 여성용 면도기의 판매를 위해 매끈한 겨드랑이를 미화하면서 겨드랑이털을 '혐오스러운 것'으로 치부하는 사회적 분위기가 조성되었는데, 실상 그 전까지는 여성의 겨드랑이털에 그다지 관심을 두는 사람도 없었다고 한다. 곰곰이 생각해 보면 여성의 겨드랑이털이 무슨 잘못이 있을까?

미국의 심리학자 매슬로우는 인간의 욕구를 최하위 단계인 생리적 욕구 Physiological Needs 부터 안전 욕구 Safety Needs, 사회적 욕구 Love and Belongingness Needs, 존중 욕구 Esteem Needs, 그리고 최상위 단계인 자아실현의 욕구 Self-Actualization Needs 까지 5가지 단계로 구분하고, 이 욕구 체계는 피라미드형 계층 구조의 성격을 띠고 있다고 설명했다. 하위 단계의 욕구가 충족되어야만 다음 단계의 고차원적인 욕구를 추구하고자 하는 마음이 생긴다는 그의 이론은 오늘날 기업 경영과 고객 관리, 마케팅 전략 설계를 위한 기본 전제로 종종 차용된다. 자아실현이나 사랑받고 존중받을 수 있다는 희망보다 위험이나 혐오스러운 상황에 처할지도 모른다는 불안 요소가 지갑을 더 빨리, 쉽게 열게 할 것이라는 예측은 기막히게 들어맞고 있다. 화장품 업계에도 파라벤과 미네랄 오일, 알코올 등 공포 마케팅의 희생양이 되는 성분들은 셀 수 없이 많다. 전문가들이 아무리 그럴듯한 근거를 설명해도 한번 시작된 의심의 꼬리를 잘라내기란 쉽지 않다.

현대 사회에서 소비 심리학은 마케팅 전략 설계를 위한 주춧돌이다. 소비자의 구매 동기와 선호 등을 이해하기 위해 소비 심리를 부단히 연구해 왔고, 이는 곧 다양한 방식으로 홍보·마케팅에 적용되었다. 이러한 부단한 노력이 건강한 경제 성장의 원동력이 되는 것은 분명한 사실이다. 그러나 때로는 그것이 소비자들의 공포 심리를 자극하여 사실을 호도하는 부적절한 마케팅 방법으로 사용되었음을 부정할 수 없다.

역사적으로, 화장품이 본래의 목적에서 벗어나 소비자 건강을 위협하는 원인이 되었던 기록은 셀 수 없이 많다. 그러나 과학의 발전은 우리가 사용하는 소비재의 안전성을 담보하기 위한 수많은 노력과 함께해 왔다. 화장품이 지구 환경을 위협하는 또 하나의 원인으로 지목되고 있는 오늘날, 과학의 발전은 이를 해결하기 위한 노력과 궤를 같이하고 있다. 이를 지지하고 이끌어 가려는 기업과 소비자의 노력은 매우 정당하고도 당연하다.

# 파라벤 죽이기

파라벤 공포는 2004년 영국의 레딩대학 필리파 다버 박사 연구팀이 유방암에 걸린 환자들의 종양 샘플을 분석하던 중 공통적으로 파라벤과 유사한 구조의 물질을 발견한 데서 시작되었다. 연구팀은 화장품에 방부 물질로 사용된 파라벤이 인간의 몸에 축적되어 암을 유발하였다고 주장하였고, 언론은 앞다투어 이를 대서특필했다. 영국의 한 여성 민간 환경단체에서 화장품 안전성 문제를 거론하는 캠페인까지 벌이면서 '발암 물질 또는 발암 물질로 추정되는 물질'을 50여 년 넘게 주요 방부 성분으로 사용해 온 화장품 회사들은 모조리 소비자를 기만한 '악덕 기업'이라는 씻을 수 없는 오명을 뒤집어써야만 했다.

그런데 파라벤은 정말 암을 유발하는 것일까? 믿기 어렵겠지만, 필리파 박사의 연구가 발표된 지 20여 년이 지난 지금까지도 화장품에 함유된 파라벤 성분이 암을 유발한다는 증거를 발견해 낸 과학자는 아무도 없다. 심지어 파라벤을 발암 물질이라고 주장한 다버 박사조차 명확한 근거를 찾아내지는 못했다. 다버 박사의 주장이 신빙성을 얻기 어려운 또 한 가지 중요한 사실은 그의 실험에는 대조군이 없다는 것이다. 파라벤은 화장품은 물론 식품에도 광범위하게 사용되는 것이어서 누구에게나 검출될 수 있는 것이지만, 어느 것에도 인체에 해가 될 정도의 어마어마한 양을 사용할 필요가 없다는 점도 상기할 필요가 있다. 법적으로 허용치가 정해져 있기도 하려니와 화장품 회사 입장에서도 필요 이상으로 사용해 봤자 원료비만 많이 드는 일을 애써 할 필요가 없다.

또 한 가지, 파라벤이 여성 호르몬인 에스트로겐과 비슷한 구조로 되어 있어 내분비계를 교란한다는 주장에도 과학계는 '그렇지 않다'라고 답한다. 오히려 우리가 콩, 과일 등의 식품을 통해 섭취하는 식물성 에스트로겐보다 1만 배나 미약하고, 체내에서 자연적으로 생산되는 에스트로겐에 비하면 약 10만 배나 적어 화장품에 사용된 파라벤이 내분비계 장애를 일으킨다는 주장은 설득력을 가지기 어렵다. 심지어 파라벤은 라즈베리나 블루베리, 블랙베리와 같은 자연물에서도 흔히 발견되는 성분이다.

불편한 진실을 더 말하자면, 미국의 미국 식품의약국 FDA 과 미국 화장품 원료 검토 위원회 CIR , 유럽연합 EU , 우리나라의 식품의약품안전처 등 전 세계 정부기관과 공신력 있는 연구기관 어디에서도 파라벤을 위험 물질로 규정하거나 우려를 표하지 않고 있으며, 오히려 파라벤의 유해성을 입증할 근거가 없다는 내용의 보고서를 제출하고 있다. 화장품 회사들이 광고하는 '無파라벤' 또한 불안과 공포에 더 예민하게 반응하는 소비자 심리를 이용한 마케팅의 일환일 뿐이란 뜻이다.

# 방부제 없는 화장품이라 안전하다고요?

파라벤에 대한 소비자 공포는 케미컬 원료에 대한 포괄적인 혐오로 번지고 있다. 無파라벤 화장품에는 파라벤에 비해 독성이 적다는 검증된 실험 결과가 없는 다양한 방부 성분이 포함되어 있을 수 있고, 페녹시에탄올처럼 파라벤에 비해 안전성 검증이 덜 된 방부 성분을 대체제로 사용했을 수도 있다. 심지어 無방부제를 표방하는 화장품에는 1,2-헥산디올처럼 방부 기능은 있으나 방부제로 분류되지 않는 대체 성분이 함유된 경우가 대부분임에도 사람들은 '無방부제=NO 케미컬'이라는 막연한 믿음으로 안전을 보장받고 싶어 한다.

그럼에도 단언컨대, 미생물의 번식과 오염을 막기 위해서라도 화장품에 방부 성분은 반드시 필요하다. 無방부제라고 광고하는 어떤 화장품도 방부 성분 비록 식품의약품안전처가 고시한 「화장품 안전기준 등에 관한 고시 규정」에 의거하여 방부제로 지정 고시된 성분이 아니어서, '방부제'라는 타이틀에서는 자유로울지라도 없이 '안전성'을 유지하는 것은 불가능하다. 그 어떤 화학 성분의 배합 없이 '100% 천연 성분'이라 주장하는 화장품에는 화장품 제조사가 포장재의 '전 성분' 목록에 굳이 표기할 필요가 없는, 이미 원료사 측에서 보존제를 충분히 함유해 만든 원료를 매입하여 사용하였을 가능성이 높다. 그렇지 않다면 우리는 제품의 뚜껑을 열기도 전 미생물을 비롯한 각종 알 수 없는 물질에 오염되거나 유통 과정에서 이미 산화 또는 부패한 화장품을 구매할 수밖에 없을 것이다.

최근 화장품 업계에서는 '천연 방부제'의 개발에 주목하고 있다. 환경과 안전에 대한 소비자 관심이 높아지면서 파라벤의 안전성을 이해시키기보다 '합성 방부제'의 위험성을 적극 알리는 마케팅 전략이 한결 효율적인 때문도 있지만, 천연 방부제가 합성 방부제보다 안전하다면 누구도 마다할 이유가 없을 것이다. 다만 지금까지의 연구 결과만으로는 화장품에 안정적으로 사용될 만큼 방부력과 처방 안정도, 장기 안정도, 안전성 등을 인정받은 천연 방부제가 그다지 많지 않아 상용화되기까지는 시일이 걸릴 것으로 생각된다. '천연 원료'가 무조건 안전할 것이라는 오해에 대해서는 뒤에서 더 자세히 언급하도록 하겠다.

물론 無파라벤 표기가 있다 해도 페녹시에탄올, 황금 추출물, 편백 추출물 등 화장품에 사용되는 방부제의 종류는 다양하므로 방부제를 사용하지 않았다는 뜻으로 해석해서는 곤란하다. 최근에는 헥산디올처럼 방부력은 있으나 방부제로 분류되지 않는 성분도 대체제로 흔히 사용되고 있다.

**MINI INFO**   **無파라벤 vs 파라벤 無첨가의 차이는?**

언뜻 비슷한 것 같지만 '無파라벤'이라는 표현과 '파라벤 無첨가'라는 표현 사이에는 미묘한 차이가 존재한다. '無파라벤'은 제품 전체에 파라벤을 함유하지 않았다는 뜻이지만, '파라벤 無첨가'는 제품의 최종적인 제조 과정에서는 파라벤을 사용하지 않았어도 원료 추출 과정에 사용된 파라벤이 남아 있을 수 있기 때문이다. 앞서 말한 것처럼 방부제 無첨가를 주장하는 제품 역시 제품의 제조 과정에서 방부제를 사용하지 않았을 뿐 원료의 추출과 제조 과정에서 사용된 방부제가 있을 수 있다는 점을 알아두자.

# 광물성 오일과 바세린

케미컬 포비아들에게 공격받는 또 한 가지로 광물성 오일 탄화수소유 을 꼽을 수 있다. 광물성 오일은 석유에서 추출한 것들이 대부분인데, 연료나 플라스틱의 원료로 사용되는 석유 추출물의 유해한 이미지 때문인지 화장품의 원료로 사용된다는 자체만으로도 상당한 거부감을 일으켜온 것이 사실이다. 대표적인 사례가 유니레버사의 브랜드명으로 널리 알려진 '바세린'의 발암 물질 논란이다.

석유에서 추출한 광물성 오일로는 크게 파라핀 왁스라 불리는 고형 파라핀과 미네랄 오일로도 불리는 유동 파라핀, 그리고 우리가 흔히 '바세린'이라 불리는 젤리 형태의 페트롤라툼 등을 꼽을 수 있으며, 그 외 세레신과 같이 순수 광물을 정제하여 얻은 왁스도 있다. 공통적으로는 보습력이 뛰어나고 색상과 향취, 산패나 변질의 위험이 없다는 장점이 있으며 가격까지 저렴해 화장품 원료로 광범위하게 사용되어 왔지만, 최근 석유계 성분에 대한 다양한 논란이 계속되면서 시장에서 매우 예민하게 받아들여지고 있는 것이 사실이다.

결론부터 말하면, 광물성 오일은 이미 수많은 정제 과정을 거쳐 안전성을 충분히 입증받은 물질이므로 안심하고 사용해도 된다. 입술 보호제로 한평생 바세린을 애용해 온 이들 중 누구도 바세린의 유독성 때문에 암에 걸렸다는 보고는 없었으니 지금까지 잘 사용해 오던 제품에 괜한 혐오감을 가질 필요도 없다.

이러한 광물성 오일은 오히려 피부에 보호막을 형성하는 피막 효과가 뛰어나 건성 피부에 매우 효과적이다. 물론, 피지 분비가 많은 지성 피부나 여드름성 피부에는 사용을 피하는 것이 좋다. 광물성 오일이 함유된 제품을 사용한 후 피부 트러블이 생겼다면 내 피부에 맞지 않는 성분이기 때문이지 '싸구려 발암 물질'이 인류의 피부에 해를 끼치는 때문은 아니란 사실을 기억하자.

# 향기 없는 화장품의 함정

화장품이 주는 심리적 효과가 강조되면서 최근에는 기초 제품에서도 '향'의 테라피 효과에 전략적으로 주목하는 사례가 늘고 있다. '피부에 안전한' 또는 '피부에 순한' 無향 제품임을 주장하는 화장품 회사들의 마케팅 전략과는 정면으로 배치되는 내용이지만, 無향 제품을 선호하는 소비자들의 불안 역시 여전히 유효하다. 그렇다면 화장품에 사용되는 향료는 정말 인체에 유해할까?

먼저 알아두어야 할 것은 화장품에 향료로 사용되는 원료가 생각보다 훨씬 다양하다는 사실이다. 화장품 용기 또는 포장재의 뒷면에 기재된 전 성분 표시에는 그 정체를 뚜렷이 드러내지 않은 채 '향료'로만 간단히 표기되고 있지만, 그 안에는 화장품 회사마다의 중요한 비밀 향료 레시피가 숨어 있다. '향기'는 제품 또는 브랜드의 아이덴티티를 표현하는 중요한 마케팅 수단이기 때문에 어떤 종류의 향 원료를 어떤 비율로 배합하였는지는 브랜드마다 소중하게 지켜야 할 비밀 중 하나다. 대다수의 '無처방' 화장품들조차 향만큼은 슬그머니 언급을 피하는 이유도 이 때문이다. 제품 콘셉트에 따라 '안전성'을 전면에 내세우는 마케팅 전략을 위해 '無향'을 선택하는 때도 있지만 '순한 향', '부드러운 향', '고급스러운 향' 등 순화된 향을 특징으로 소개하는 사례가 더 많다.

또 한 가지 짚고 넘어가야 할 중요한 사실은 특유의 향기가 나지 않는다고 해서 향료를 전혀 사용하지 않은 제품은 아니라는 사실이다. 화장품은 적게는 20가지, 많게는 50여 가지의 다양한 성분을 배합해 물리적·화학적 과정을 거쳐 완성되는 제품으로, 원료 각각이 가진 다양한 냄새가 자연스레 뒤섞일 수밖에 없다. 우리가 사용하는 향이 없는 제품 역시 이 특유의 냄새를 가리는 용도의 마스킹 성분을 함유한 것이기에 향기가 나지 않는 제품이라 해서 향료를 사용하지 않았다고는 보기 어렵다.

물론 가급적 향료가 사용된 화장품을 사용하지 않는 것이 좋은 사람들도 있다. 접촉성 피부염 환자들의 경우 향료와 같은 특정 성분으로 인해 알레르기 반응이 일어날 수 있기 때문에 주의를 기울여야 한다. 앞서 말한 것처럼 향기가 나지 않는다고 해서 無향료 화장품인 것은 아니니 향에 민감한 사람들은 반드시 제품의 전 성분을 확인해 '향료' 사용 여부를 체크하고, 패치 테스트를 거쳐 알레르기 반응을 살핀 후 제품을 사용하는 것이 안전하다.

피부가 유난히 민감해 알레르기 반응이 염려된다면 화장품 사용 전 팔 안쪽과 귀 뒤 등에 패치 테스트를 해 보자. 48시간 동안 별다른 반응이 없디면 내 피부에 알레르기 반응을 일으키는 성분이 없다고 보아도 좋다.

식품의약품안전처 고시 알레르기 유발 주의 사항 표시 성분은 다음과 같다.

아밀신남알, 벤질알코올, 신나밀알코올, 시트랄, 유제놀, 하이드록시시트로넬알, 이소유제놀, 아밀신나밀알코올, 벤질살리실레이트, 신남알, 쿠마린, 제라니올, 아니스에탄올, 벤질신나메이트, 파네솔, 부틸페닐메칠프로피오날, 리날룰, 벤질벤조에이트, 시트로넬롤, 헥실신남알, 리모넨, 메칠-2-옥티노에이트, 알파-이소메칠이오논, 참나무 이끼 추출물, 나무 이끼 추출물

## MINI INFO  알레르기 유발 성분 표시 제도

　2020년 1월 개정된 화장품법에 따라 우리나라에서는 식품의약품안전처가 정한 알레르기 유발 착향제 성분 25종에 대해 통칭적 성분명인 '향료'가 아닌 명확한 개별 성분명으로 표시하도록 규정하고 있다. 물론 해당 성분들이 모든 사람에게 알레르기를 유발하는 것은 아니다. 알레르기 유발 가능성이 있는 성분이 피부에 해롭다는 편견을 가질 필요도 없다. 가공식품류에서도 땅콩, 우유, 복숭아 등 특정 식품에 알레르기 반응이 있는 사람들이 주의할 수 있도록 성분 표기를 하는 것처럼 화장품에서도 특정 성분에 민감하게 반응하는 사람들을 배려한 것일 뿐 성분 자체가 인체에 해롭거나 피해야 할 성질의 것은 아니다.

# 알코올 없는 알코올 성분

    결론부터 말하자면 알코올을 사용하지 않는 화장품은 현실적으로 존재하기 어렵다. 심지어 '無알코올' 처방임을 표방하는 화장품조차 알코올 없이 제품을 완성하기는 어렵다. 알코올은 화장품의 알레르기 또는 피부 건조 유발 성분을 논할 때 가장 많이 거론되는 성분 중 하나지만 이 또한 논란의 여지가 충분하다. 세상에는 수많은 종류의 알코올이 존재하며 그 기능도 제각각이기 때문이다. '-알코올' 또는 '-에탄올'과 같이 이름만 들어도 단박에 알코올의 한 종류임을 알 수 있는 것들도 있지만, '사이클로헥산올'이나 '글리세린'처럼 성분명에 '알코올'이라는 말이 들어 있지 않아 알코올류임을 알기 어려운 종류도 다수 있다. 이들은 대한화장품협회의 《화장품 성분 사전》에 '알코올' 또는 '에탄올'로 입력했을 때 검색되는 132종류의 알코올과 35종류의 에탄올에도 당연히 포함되지 않는다. 그러니까 화장품 광고 문구 중 '無알코올'임을 강조하는 듯한 표현이 있다면 '-알코올'이라는 이름을 가진 성분이 함유되어 있지 않은 것일 뿐 진짜 어떠한 알코올 성분도 사용하지 않음을 뜻하는 것은 아니다.

    굳이 대한화장품협회의 《화장품 성분 사전》 이야기를 꺼낸 이유는, 한 유명 뷰티 잡지에서 화장품에 사용되는 알코올의 종류에 대해 다루며 해당 성분 사전의 '-알코올' 검색 건수를 언급했기 때문인데, 그런 직관적인 성분명만으로 알코올류를 구분하는 것이야말로 장님이 코끼리 만지는 격이다.

알코올은 탄화수소의 수소 원자를 하이드록시기 hydroxy, -OH 로 치환한 하이드록시 화합물 중 페놀을 제외한 것들을 한데 이르는 말이다. -OH의 개수에 따라 한 개인 것은 1가 알코올, 두 개인 것은 2가 알코올, 세 개인 것은 3가 알코올로 구분하는데, 2가 이상의 것을 다가 알코올 또는 폴리올 polyol 로 부르기도 한다. 1가 알코올은 성분명 끝에 주로 '-올'이라는 말이 붙고 2가 알코올은 '-디올', 3가 알코올은 '-트리올'이 붙는다. 2가 이상의 알코올에는 '-폴리올'이라는 말이 붙기도 한다. 물론 2가 알코올인 프로필렌글리콜이나 부틸렌글라이콜, 3가 알코올인 글리세린처럼 '-올', '-디올', '-트리올'과 하등 관련 없는 이름을 가진 종류도 있다. 심지어 글리세린은 우리가 흔히 알고 있는 알코올의 특성인 '피부를 건조하게 하고 장벽을 손상시키는' 것과도 영 거리가 먼 '보습 성분'이다.

알코올은 탄소의 개수에 따라 5개 이하인 알코올을 저급 알코올, 6개 이상인 알코올을 고급 알코올로 구분하기도 하는데, 탄소 수 1~3개까지의 저급 알코올은 물에 녹는 수용성이지만 세틸알코올, 스테아릴알코올, 세테아릴알코올, 라우릴알코올, 미리스틸알코올 등의 고급 알코올은 기름에 녹는 유용성으로 크림, 마스크 등의 보습 제품에 유화제, 보습 성분으로 사용된다.

화장품에서 알코올류는 기포 방지제, 수렴제, 용제, 유화제, 보습제, 점도 감소제, 보존제 등 다양한 용도로 사용된다. 흔히 알코올을 '술'이나 '소독제' 성분으로만 알고 있지만, '술'에 사용되는 알코올이 그대로 화장품에 사용되는 예는 없으며, 남성용 화장품 또는 지성 피부에서 쿨링 효과와 피지 조절 효과, 항염 효과 등을 기대할 수 있는 것은 소독용 알코올의 한 종류인 '아이소프로필알코올'과 같은 휘발 성분이 함유되어 있기 때문이다. 물론 이러한 성분도 법에서 함량을 1% 이하로 정하고 있어 피부가 특별히 예민하거나 건조한 경우가 아니라면 별다른 문제가 되지 않는 수준이다.

# 계면활성제 성분이
# 탈모를 일으킨다고요?

한때 할리우드 스타들의 모발 관리법으로 엄청난 관심을 모았던 '노푸'의 핵심은 샴푸를 사용하지 않고 머리를 감는 것이다. 샴푸 대신 소금이나 식초, 베이킹소다를 사용한다는 이들도 있지만, 그냥 물로만 헹궈도 엉겨 붙은 머리나 정수리 냄새를 충분히 해결할 수 있다는 주장이 노푸의 정석으로 받아들여지고 있다. 이들이 이처럼 샴푸를 거부하는 배경에는 샴푸 속 '계면활성제'에 대한 거부감이 숨어 있다. 계면활성제가 탈모와 비듬, 두피 트러블, 심지어 피지 분비를 심화시킨다는 주장은 일부 노푸족들의 성공 사례담에 힘입어 상당한 설득력을 얻고 있다.

계면활성제는 화장품뿐만 아니라 식품, 도료, 세제 등 우리 생활 곳곳에 광범위하게 사용되는 물질로 그 종류만도 무려 2,000여 종에 달한다. 이름대로 물과 기름, 액체와 공기처럼 서로 잘 섞이지 않는 두 물질의 경계면인 '계면'을 활성화해 잘 섞이도록 하는 것이 그 역할인데, 식품에서는 식초와 식용유를 섞어 마요네즈로 만들거나 공기와 식물성 유지를 섞어 휘핑크림으로 만드는 등에 사용된다.

화장품에서는 유성 원료와 수성 원료를 안정적으로 유화해서 크림 또는 에멀션 형태로 만들거나 색재를 고르고 자연스럽게 분산시키는 역할을 한다. 샴푸와 클렌저 같은 세정제나 세제류에서 물과 공기의 경계면에 거품을 생성하여 때를 흡착하는 역할을 하거나 린스, 섬유유연제 등에서 정전기 방지 효과를 발휘하는 것도 있다. 다시 말하면 어떤 종류와 제형의 화장품이든 계면활성제 없이 제품을 완성하는 것은 불가능에 가깝다. SNS를 통해 소개되곤 하는 '계면활성제를 사용하지 않아 순한 샴푸'나 '거품이 잘 나고 세정력이 우수한 無계면활성제 샴푸' 역시 화장품 제조 원리에 무지한 일부 인플루언서들의 오해에서 비롯된 잘못된 표현일 뿐, 현실적으로는 존재하기 어렵다.

계면활성제가 탈모를 유발하기 때문에 노푸를 해야 한다는 주장도 모공을 막는 피지와 더러움이 탈모의 주요 원인 중 하나라는 점에서 설득력을 얻기 어렵다. 세제를 사용하지 않고 기름기 가득한 접시를 닦을 때를 떠올려 보자. 그나마 뜨거운 물을 사용하면 기름기 제거에 도움이 되긴 하지만 세정제의 세정력과는 비교하기 어렵고, 지나치게 뜨거운 물은 오히려 피부를 손상시키고 건조하게 만들어 비듬이나 머릿결 손상 등의 원인이 될 수 있으므로 권할 만한 방법이 아니다. 실제로는 두피 트러블 등을 이유로 노푸에 도전했다가 엉겨 붙은 머리와 비듬, 심각한 두피 트러블을 얻게 되었다는 후기가 훨씬 많다는 점에도 주목할 필요가 있다.

샴푸 대용품으로 비누, 식초 등을 사용하는 것도 그리 권할 만한 일은 아니다. 비누는 샴푸에 비해 알칼리가 강해 모발을 거칠게 하고, 식초는 기능적으로 세정력과 유연효과가 샴푸와 린스에 비해 부족한 점을 둘째 치고라도 예민한 피부에 오히려 자극이 될 수 있다.

한때 샴푸나 클렌저의 계면활성제 성분으로 많이 사용되는 소듐라우릴설페이트SLS나 소듐라우레스설페이트SLES가 암을 유발한다는 소문도 있었지만, 이 또한 사실이 아니다. 두 성분 모두 미국 화장품 원료 검토위원회가 전문가 패널의 검증을 통해 안전성을 인정받은 성분으로, 과도하게 농축된 채로 피부에 장기간 노출되는 경우가 아니라면 피부 트러블을 일으킬 염려가 없다. 더욱이 샴푸나 클렌저처럼 씻어 내는 화장품류라면 잘 헹궈 내는 것만으로도 불필요한 염려를 잠재울 수 있다.

그럼에도 계면활성제에 대한 불안을 떨치기 어렵다면 합성 계면활성제 대신 천연 계면활성제를 사용한 제품을 사용하는 것도 방법이다. 최근에는 달걀노른자에서 추출한 레시틴, 식물에서 추출한 사포닌 또는 미생물에서 추출한 바이오 계면활성제 글리코리피드 등을 화장품 원료로 사용하기도 한다. 단, 천연 계면활성제는 합성 계면활성제에 비해 안정성이 부족해 제형이 분리되거나 부패의 가능성이 높으므로 사용 기한 내 최대한 빨리 사용하는 것이 중요하다.

통상적인 샴푸의 1회 사용 권장량은 3~5ml이며, 두피에 고루 문질러 마사지한 후 미지근한 물로 충분히 헹궈 내는 것이 중요하다. 샴푸 사용 후 두피에 발진이나 따가움, 탈모 등의 증상이 발생하는 대부분은 잔여물을 충분히 헹궈 내지 않기 때문이라는 사실을 명심하자.

**MINI INFO  샴푸에는 계면활성제가 얼마나 들어가나요?**

샴푸에는 일반적으로 12~15%의 계면활성제가 함유되어 있다. 생각보다 많이 들어 있어 놀랄 수도 있지만, 인체 세정용으로 사용되는 제품의 경우 피부에 흡수시키는 용도가 아닌 5분 내외의 단시간 사용 후 바로 씻어 내는 제품이므로 장시간 피부 접촉에 의한 독성이나 탈모를 염려할 필요는 없다. 단, 샴푸 중 거품이 눈에 들어간 경우라면 즉시 맑은 물로 세척해야 한다.

# 립스틱, 매일 먹어도 괜찮을까요?

일상적으로 매일 메이크업을 하는 여성이라면 스스로도 자연스럽게 먹게 되는 립스틱의 양이 결코 적지 않음을 알고 있을 것이다. 일반적으로 립스틱을 한 번 발랐을 때의 평균 사용량은 50mg 정도, 그중 약 1/5인 10mg을 먹게 된다고 하니 하루 두세 번 정도 덧바른다고 가정하면 약 30mg이 인체에 흡수되는 셈이다.

그렇다면 이렇게 많은 양의 립스틱을 평생 꾸준히 섭취해도 인체에는 별문제가 없는 것일까? 결론적으로 말하자면 답은 'Yes'다. 립스틱뿐만 아니라 화장품에 사용되는 원료는 미국의 미국 화장품협회 PCPC, Personal Care Products Council, 구 CTFA 우리나라의 식품의약품안전처 등 각국의 전문 기관에서 안전성을 충분히 검증한 것들로, 사용 방법만 준수한다면 인체에 특별히 해가 되지 않는다. 가령 립스틱을 통째로 씹어 먹는다거나, 피부에 도포해야 하는 화장품을 섭취하는 식의 오류를 범하지 않는다면 말이다.

물론 타르 색소처럼 립스틱에 사용되는 일부 원료 중에는 발암 물질 논란으로 도마 위에 오른 것들도 있다. 타르 색소는 석탄의 부산물인 석탄 타르에 들어 있는 벤젠이나 나프탈렌을 합성한 것으로 화장품뿐만 아니라 사탕이나 구강청결제, 의약품 등에도 두루 사용되는 원료이다. 우리나라에서는 총 9종의 타르 색소만을 사용할 수 있도록 허용하고 있는데, 화장품에서는 제품과 타르 색소의 종류에 따라 배합 한도를 정해 둔 것은 물론 사용 부위에도 제한을 두고 있다. 통상적으로 립스틱에는 원료 총량의 2% 정도의 타르 색소가 사용되는데, 하루 30mg의 립스틱을 인체가 흡수하게 된다고 가정할 경우 이에 포함되는 타르 색소의 양은 약 0.6mg으로 이 정도 양이면 소금이나 설탕보다 안전하다고 볼 수 있다.

한때 립스틱에 지렁이가 원료로 사용된다는 소문이 돌아 소비자들의 등골을 오싹하게 만든 사건이 있었지만 이는 사실과 다르다. 과거 당근이나 토마토, 홍화 등의 식물 성분이나 연지벌레에서 추출한 색소가 화장품에 사용된 사례가 있긴 하였으나 이들 천연 색소는 합성 색소에 비해 착색력이 떨어지고 빛에 약할 뿐 아니라 원료 공급이 불안정하여 화장품 산업이 발달한 오늘날에는 거의 사용되지 않고 있다. 최근 천연 화장품에 대한 관심이 높아지면서 이들 성분의 안전성이나 약리 효과를 연구하는 사례는 있으나 상용화 가능성은 매우 낮다고 볼 수 있다.

# 립 틴트를 바르면 착색되나요?

틴트를 자주 사용하면 입술의 색이 변하거나 옅어진다는 이야기가 있다. 반은 맞고 반은 틀린 이야기다. 입술이 붉게 보이는 이유는 입술 부위의 피부가 다른 부위에 비해 얇아 혈관이 비쳐 보이는 것인데, 틴트를 많이 바른다고 해서 입술 부위의 혈액 색상이 옅어질 리는 없기 때문이다.

틴트가 입술의 색상을 옅어지게 한다는 건 잘못된 상식이지만, 틴트를 사용한 뒤 깨끗이 지우지 않은 상태로 장기간 덧바르면 착색이 될 수는 있다. 틴트는 립스틱에 비해 색소가 입술에 잘 스며드는 특성이 있으므로 사용 후에는 전용 클렌저를 사용해 꼼꼼히 지우는 것이 중요하다. 특히 온종일 방금 메이크업한 듯 생생한 컬러를 유지하는 강력한 발색력을 자랑하는 제품이라면 말이다.

니켈과 방부제, 향료 성분에 민감한 편이라면 접촉성 피부염을 우려해야 할 수도 있다. 입술 피부는 눈가 피부와 마찬가지로 얇고 피지선이 없어 다른 부위에 비해 민감하고 트러블에 취약할 수밖에 없다.

틴트와 립스틱은 입술에 색상을 더한다는 점에서는 같지만 그 성분과 제형에는 큰 차이가 있다. 특히 틴트를 자주 사용하는 사람일수록 환절기나 겨울철이면 입술에 각질이 잘 일어나 지저분해 보이기 일쑤인데, 이는 보습 효과를 기대하기 어려운 틴트의 구성 성분과도 관련이 있다. 왁스 등 보습 효과가 있는 유성 성분에 색소를 넣어 굳힌 립스틱과 달리 틴트는 정제수에 색소와 기타 성분을 혼합해 만든 액상의 제품으로, '지워지지 않는 발색'이 중요한 제품 특성상 보습 효과를 기대할 만한 성분을 첨가하기 어렵다. 특히 틴트의 색소가 입술에 잘 물들게 하기 위해 첨가하는 덱스트린 성분은 입술에 도포 후 증발하면서 피부 수분을 함께 빼앗아 가 건조증을 유발할 수 있다.

**MINI INFO  각질 때문에 입술이 지저분해 보인다면?**

입술이 건조하고 각질이 심해지면 각질 부위를 중심으로 색소가 뭉쳐 지저분해 보이거나 색이 고르게 펴 발라지지 않고 얼룩덜룩해 보이기 십상인데, 이럴 때는 무턱대고 틴트를 덧바르기보다 각질 제거와 보습부터 차근차근히 해 나가 보자. 입술 부위에 스팀 타월을 올려 각질을 부드럽게 만든 다음 면봉에 바세린이나 입술 보호제를 발라 각질을 살살 밀어내면 한결 매끄러워진 입술로 만들 수 있다. 유난히 입술이 잘 트는 편이라면 매일 밤 잠자리에 들기 전 바세린이나 입술 보호제, 립 마스크를 듬뿍 바르고 랩을 얹어 두는 것도 도움이 된다.

# 화장품에 석면이
# 들어 있다고요?

지난 2024년 6월, 미국에 거주 중인 한 한인 여성이 모회사를 상대로 제기한 발암 물질 노출에 따른 손해배상 청구 소송에 승소하면서 2억 6,000만 달러 한화 약 3,770억 원의 배상 판결을 받은 소식이 전해졌다. 해당 사는 관련 문제로 4만여 건의 소송에 휘말려 파산 신청을 진행하였다가 기각된 바 있다. 소송 책임을 줄이기 위해 파산법을 악용했다는 비판 때문이다. 사 측은 "자사의 베이비파우더에 사용한 탈크 활석에는 석 면이 검출되지 않았으며, 제품 안전성에도 아무런 문제가 없음"을 주장하면서도 판매 율 감소를 이유로, 2020년부터 전 세계에 판매 중이던 베이비파우더에 탈크 성분의 사용을 중단하고 옥수수 전분으로 성분을 대체했다.

유아용 제품의 탈크 사용으로 충격을 준 사례는 우리나라에도 있다. 지난 2009년 식품의약품안전처는 석면이 검출된 중국산 탈크를 원료로 사용해 문제가 된 유명 베 이비파우더 판매 업체에 대해 전면 판매 중지 명령 및 회수 조치를 내렸다. 화장품 특 히 파우더류에 흔히 사용하는 것으로 알려져 있던 탈크, 무엇이 문제였던 걸까?

탈크는 유연성이 뛰어난 광물의 한 종류로, 건축 자재를 비롯해 자동차나 전자기기 의 부품, 여성용 화장품은 물론 베이비파우더, 의약품의 코팅제로도 애용되어 왔다.

60~70년대생들에게는 어린 시절 땅에 그림을 그리며 놀 때 쓰던 하얀색 석필로 더 익숙한 물질이기도 하다. 그리고 앞서 언급한 회사의 주장대로 탈크 자체는 인체에 해가 되는 물질이 아니다.

문제는 이 탈크에 1급 발암 물질인 석면이 섞여 있을 가능성이다. 석면은 탈크가 자연 생성되는 과정에서 이산화탄소 변성을 완전히 막지 못해 생기는 일종의 불순물로, 호흡기로 유입 시 축적되어 석면폐증과 폐암 등을 일으킬 수 있다. 일반적으로 탈크는 정제 과정을 거쳐 사용되지만, 혹시 남아 있을지 모를 미량의 석면 오염 가능성이 불안 요소로 지적되어 왔다. 2009년 문제가 되었던 베이비파우더 속 중국산 탈크 역시 이 미량의 석면이 검출되어 논란이 불거진 케이스다. 당시 식품의약품안전처는 기존의 탈크 기준 시험법으로 해당 제품을 검사했을 때는 석면이 검출되지 않아 석면 검출 제품 리스트에 포함하지 않았다가 새로운 검사법인 편광현미경 검사를 도입하면서 극미량이 검출된 사실을 발견, 뒤늦게 판매를 중지시키는 등의 조취를 했다.

우리나라 소비자들도 해당 사건에 대해 제조업체와 국가를 상대로 손해배상 청구 소송을 진행하였으나, 2014년 대법원은 최종 원고 패소 판결을 내렸다. 결과만 놓고 본다면 앞서 언급한 미국의 손해배상 청구 소송 건과 사뭇 대비되는 대목이라 할 수 있으나 문제가 그리 간단한 것만은 아니다. 석면 흡입의 유해성은 10~50년의 잠복기를 거쳐 드러나는 것이 일반적이기 때문이다. "어린 시절부터 꾸준히 해당 제품을 사용해 왔고, 그로 인해 암에 걸렸음"을 입증한 미국의 사례와 달리 우리나라에서 진행된 소송 건은 해당 제품이 실제적으로 인체에 끼친 영향을 입증해 내기엔 시기적 한계가 있었던 것으로 보인다.

물론 법적 판결이 곧 모든 사회적 책임으로부터의 자유를 의미하는 것은 아니다. 유해 물질에 대한 엄격하고 객관적인 기준을 제시하고 촘촘한 감시망을 늦추지 않도록 정부와 기업에 끊임없이 요구하는 것 또한 소비자가 할 수 있는 최선의 안전 대책임을 잊어서는 안 될 것이다.

또 한 가지 주의할 것은 문구점을 통해 유통되는 '장난감 화장품'이다. 최근에는 시중에서 거의 찾아보기 어려워졌지만, 한때 문구점에서 판매하는 어린이용 메이크업 제품류의 대부분이 화장품법의 적용을 받지 않는 장난감, 즉 공산품으로 등록된 것이어서 안전성 문제가 대두되기도 하였다. 장난감에 대해서도 물론 식품의약품안전처가 독성 검사를 시행하고 있지만, 이는 피부에 직접 사용하는 화장품의 안전기준에 따른 것이 아니다. 따라서 문구점에서 어린이용 메이크업 제품을 구매할 때는 '화장품 마크'가 있는지 여부를 반드시 확인해 보아야 한다.

## MINI INFO   베이비파우더는 화장품이 아니다!

베이비파우더는 메이크업에 사용되는 파우더류와 달리 화장품이 아닌 의약외품으로 분류된다. 화장품보다 훨씬 까다로운 기준에 의해 제조·생산되고 있음은 물론이다.

식품의약품안전처는 영유아·어린이 화장품의 안전성 확보를 위해 △ 화장품 책임 판매업자가 개발하려는 화장품이 영유아·어린이에게 안전한지 판단할 수 있는 자료를 갖추도록 하고, △ 판매 이후에도 안전성 관련 정보를 지속적으로 수집하도록 하는 영유아·어린이 화장품 관리 제도를 시행하고 있다. 또한, 3세 이하의 영유아가 사용하는 화장품에 부틸파라벤·프로필파라벤·이소부틸파라벤·이소프로필파라벤 등의 파라벤류, 살리실릭애씨드 및 그 염류 성분의 사용을 금하고 영유아와 어린이 화장품에 적색 2호, 적색 102호 색소의 사용 또한 금지하고 있다.

# 화장품 안전 가이드

　식품의약품안전처는 2012년 2월 화장품법 전면 개정 이후 화장품에 사용할 수 없는 원료를 고시하는 한편, 그 밖의 원료는 기업의 책임하에 사용할 수 있도록 하는 '네거티브 리스트' 방식으로 화장품 원료 관리 체계를 변경하였다. 화장품 안전성과 품질 확보에 대한 기업의 책임을 강화하고 정부는 시장에 유통 중인 제품에 대한 사후 관리에 집중하는 방식으로 규제를 국제적 수준으로 맞추겠다는 의도였다. 이에 따라 보존제, 자외선 차단제, 색소 등과 같이 국민 보건상 사용에 제한이 필요한 원료는 그 사용 기준을 지정하고, 유통 화장품의 품질 확보를 위한 안전 관리 기준도 마련하였다.

　이후로도 식품의약품안전처는 화장품 사용의 안전성을 확보하기 위해 과학에 근거한 위해 평가를 지속적으로 수행, 안전 관리 기반을 강화해 나가고 있다. 특히 최근에는 최신 글로벌 위해 평가 방법을 반영하여 △ 흡입 노출에 대한 평가 대상·방법·예시를 추가하고 △ 독성 기준값 선정 방법과 유선독성 평가 시 고려 사항을 명확하게 제시하는 한편 △ 독성 자료 수집 방법을 현행화하는 등의 위해 평가 가이드라인을 개정했다. 화장품법 제8조에서는 화장품 안전기준에 대해 아래와 같이 규정하고 있다.

　그 외 화장품 사용 제한 원료는 의약품안전나라 의약품통합정보시스템 https://nedrug.mfds.go.kr/pbp/CCBDF01 에서 확인할 수 있다.

---

① 식품의약품안전처장은 화장품의 제조 등에 사용할 수 없는 원료를 지정하여 고시하여야 한다.

② 식품의약품안전처장은 보존제, 색소, 자외선 차단제 등과 같이 특별히 사용상의 제한이 필요한 원료에 대해서는 그 사용 기준을 지정하여 고시하여야 하며, 사용 기준이 지정·고시된 원료 외의 보존제, 색소, 자외선 차단제 등은 사용할 수 없다.

③ 식품의약품안전처장은 국내외에서 유해 물질이 포함된 것으로 알려지는 등 국민 보건상 위해 우려가 제기되는 화장품 원료 등의 경우에는 총리령으로 정하는 바에 따라 위해 요소를 신속히 평가하여 그 위해 여부를 결정하여야 한다.

④ 식품의약품안전처장은 제3항에 따라 위해 평가가 완료되면 해당 화장품 원료 등을 화장품의 제조에 사용할 수 없는 원료로 지정하거나 그 사용 기준을 지정하여야 한다.

⑤ 식품의약품안전처장은 제2항에 따라 지정·고시된 원료의 사용 기준의 안전성을 정기적으로 검토하여야 하고, 그 결과에 따라 지정·고시된 원료의 사용 기준을 변경할 수 있다. 이 경우 안전성 검토의 주기 및 절차 등에 관한 사항은 총리령으로 정한다.

⑥ 화장품 제조업자, 화장품 책임 판매업자 또는 대학·연구소 등 총리령으로 정하는 자는 제2항에 따라 지정·고시되지 아니한 원료의 사용 기준을 지정·고시하거나 지정·고시된 원료의 사용 기준을 변경하여 줄 것을 총리령으로 정하는 바에 따라 식품의약품안전처장에게 신청할 수 있다.

⑦ 식품의약품안전처장은 제6항에 따른 신청을 받으면 신청된 내용의 타당성을 검토하여야 하고, 그 타당성이 인정될 때는 원료의 사용 기준을 지정·고시하거나 변경하여야 한다. 이 경우 신청인에게 검토 결과를 서면으로 알려야 한다.

⑧ 식품의약품안전처장은 그밖에 유통 화장품 안전 관리 기준을 정하여 고시할 수 있다.

PART 2

# 주의해야 할 성분들

전 성분이 말해 주지 않는 것

SNS를 떠도는 괴담에 의해 사실과 관계없이 유해성이 기정사실로 되거나 화장품 회사들의 공포 마케팅에 억울하게 이용당하고 있는 성분들도 있지만, 실제로 유해성이 인정되어 법으로 배합이 금지되거나 함량을 제한받는 성분들도 있다. 다행히 우리나라는 인체에 해가 될 수 있는 중금속류와 유기용매, 농약류, 천연물 유래 독성 물질, 기타 유해 물질과 의약품 주성분 등을 배합 금지 또는 배합 제한 원료로 지정해 관리하고 있다. 또한, 제품의 용기나 단상자에 해당 제품에 사용된 성분을 모두 표기하도록 하는 '전 성분 표시제'를 시행하고 있어 대다수의 화장품은 법으로 금지된 성분을 배제하고 정해진 배합 한도를 지켜 제조·판매되고 있다.

정부 및 민간 연구 기관에서도 화장품에 함유된 유해 성분에 대한 검사와 연구를 꾸준히 계속하고 있으며, 식품의약품안전처에서는 관련 기준을 검토하여 보다 안전한 화장품 사용이 가능하도록 제도를 개선해 가고 있다. 그럼에도 100% 완벽한 안전지대를 확신할 수 있는 것은 아니다. 지금도 간혹 법으로 금지된 성분이 검출되거나, 법에서 인정하는 배합 한도를 어겨 논란이 되는 사례가 언론을 통해 보도되곤 하기 때문이다. 소비자 입장에서 이러한 성분까지 일일이 분석하고 검토할 수는 없는 노릇이니 이 또한 공포의 대상이 될 수밖에 없다.

지금까지 사회적으로 크게 이슈가 되었던 유해 성분들의 문제점은 무엇이었는지, 그리고 혼란과 오해가 있을 수 있는 배합 제한 원료에는 어떤 것들이 있는지 살펴보는 것만으로도 걱정과 불안을 어느 정도는 떨쳐버릴 수 있을 것으로 생각한다.

또 한 가지, 법의 허용 범위 내에서 일반적으로 널리 사용되는 성분이라 해도 개개인의 체질과 피부 특성 혹은 환경 변화에 따라 알레르기 반응 등이 나타날 수 있다는 점도 기억해 둘 필요가 있다. 알레르기 유발 성분의 피해를 막는 최선의 방법은 샘플 제품을 통해 패치 테스트를 해 보는 것이다. 화장품에 대한 막연한 공포로 건강하고 아름다운 피부를 애써 포기할 필요는 없다.

# 스테로이드의 유혹

앞서 언급한 파라벤이나 광물성 오일처럼 인체 유해성 여부에 대한 근거가 부족하거나 화장품 회사들의 공포 마케팅으로 인해 인체에 심각한 해를 끼치는 유독 성분으로 오해받고 있는 것들도 있지만, 반대로 화장품에 절대 사용해서는 안 되는 배합 금지 성분들도 있다. 그 대표적인 사례가 스테로이드이다. 10여 년 전 기능성 화장품이 각광을 받으면서 스테로이드 성분을 불법으로 배합한 화장품이 불티나게 팔린 사례가 적발되어 이슈가 된 적이 있는데, 당시 스테로이드 성분 화장품이 인기를 끈 것은 스테로이드가 습진이나 피부염, 건선 등 피부 질환 치료에 효과적이기 때문이다. 스테로이드는 장기간 피부에 사용할 경우 피부를 위축시키고 모세혈관 확장, 붉은 반점, 스테로이드성 여드름 등의 부작용을 유발할 수 있어 화장품이 아닌 의약품에서만 사용 가능한 성분으로 지정되어 있다.

지금까지 수많은 화장품 회사가 '단 일주일만 써 봐도 효과를 알 수 있다'라는 식의 문구로 제품의 뛰어난 효능·효과를 광고해 왔지만, 실제로는 화장품을 사용하는 것만으로 눈에 띄게 주름이 펴지거나 건조증이 사라지는 등의 드라마틱한 효과를 기대하기는 어렵다. 화장품은 '치료'를 위한 의약품이 아닌 매일 꾸준히, 평생을 사용해야 하는 생활용품이기에 단기간의 눈에 띄는 효과를 위해 부작용을 유발할 수도 있는 성분을 함부로 사용하지 않도록 법으로 제한하고 있다. 스테로이드와 같은 물질을 배합 금지 성분으로 지정한 것도 같은 맥락이다.

성분에 대한 제한뿐만 아니라 화장품법에서는 '아토피, 모낭충, 심신 피로 회복, 건선, 소양증, 살균·소독, 항염·진통, 해독, 이뇨, 항암, 항진균, 항균, 항바이러스, 근육이완, 통증 경감, 면역 강화, 항알레르기, 찰과상, 치료, 회복, 발진, 피부 독소 제거, 가려움 완화·개선, 흔적을 없앤다, 홍조·홍반·뾰루지 개선, 피부 노화, 셀룰라이트, 붓기·다크서클, 피부 구성 물질의 증가 또는 감소 등의 표현으로 '질병을 진단·치료·경감·처치 또는 예방'하거나 '의학적 효능·효과를 가진 것'으로 오인하게 만드는 표시·광고 표현을 엄격하게 규제하고 있다.

문제는 광고나 제품의 용기 또는 단상자 표기 등 비교적 법의 테두리 내에서 규제가 용이한 부분 외 판매원의 구두 홍보를 통해 이러한 표현이 은연중에 사용되는 것이다. 이는 단순히 법을 어기는 표현을 넘어 화장품의 용도와 기능 자체를 오인하게 만드는 과장된 표현임을 소비자 스스로 인지하고 화장품 선택과 구매에 신중을 기하는 것이 중요하다.

## MINI INFO  화장품의 전 성분 표시 읽기

　화장품의 전 성분 표시 제도는 해당 화장품에 사용된 모든 성분을 제품의 용기 또는 단상자에 표시하도록 하는 제도로, 미국에서는 1977년부터, 유럽은 1997년, 우리나라는 2008년부터 시행해 오고 있다. 기존에는 50ml 이하 소용량 제품에 대해서는 용기 및 단상자에 전 성분 표시를 생략할 수 있었으나 2024년부터는 속눈썹용 퍼머넌트 제품이나 외음부 세정제 등 사용 시 주의가 필요한 화장품에 대해서는 '전 성분'과 '사용할 때의 주의 사항' 등 기재·표시 사항을 빠짐없이 표시하도록 하고 있다.

　물론 사용되는 성분을 모두 확인할 수 있다고 하더라도 생소한 화학 용어로 가득한 전 성분 표기를 일반인이 이해하기란 쉽지 않다. 특정 성분에 대해 보다 상세히 알고 싶다면 대한화장품협회 kcia.or.kr의 성분 사전을 이용하거나 화장품 성분을 설명해 주는 앱에서 성분명을 검색해 볼 수 있다. 단, 성분 앱의 경우 민간이 개발한 프로그램이어서 전문성이 부족하다는 점을 알아두자. 이런 앱들은 화장품 전문가가 아닌 민간단체가 정한 기준에 따라 원료에 등급을 매기고 있어 성분에 대한 그릇된 오해를 심어 줄 수도 있다.

　전 성분은 함유량이 많은 순서대로 표기된다. 대부분의 화장품의 전 성분 표시에 정제수 또는 ○○수와 같은 물 종류가 가장 먼저 나오는 것도 화장품 성분의 가장 많은 부분을 차지하는 것이 물이기 때문이다.

# 물티슈 포름알데히드 검출 사건

 지난 2005년 세간을 떠들썩하게 했던 아기 물티슈 포름알데히드 과다 검출 사건은 가습기 살균제 사건과 더불어 소비자들의 간담을 서늘하게 한 충격적인 이슈였다. 한 소비자단체가 시중에 유통되는 물티슈 12개 제품에 대한 안전 검정 기준 적합 여부를 실험한 결과 일부 제품에서 포름알데히드가 기준치를 훌쩍 넘겨 검출되었다는 것이다. 해당 기업에서는 실험을 실시한 민간단체가 주장하는 '기준치'는 업체들이 안전마크를 부착하기 위해 정한 자율적인 기준을 말하는 것으로, 미국과 유럽연합 등 주요 선진국이 정한 안전 허용 기준치인 2,000ppm에는 훨씬 못 미치는 수준이라 반박했지만 논란은 쉽게 수그러들지 않았다.

 포름알데히드는 체내에 축적되지는 않지만 정도에 따라 호흡기를 통합 흡입으로 독성을 일으킬 수 있는 물질로 화장품 성분으로 배합되는 것이 원칙적으로 금지되어 있는 성분이다. 다만 우리나라에서는 전체 화장품 성분의 0.2%까지만 검출을 허용하고 있는데, 이는 공기 중이나 체내에도 포름알데히드가 극미량 존재하고 있고, 화장품 제조 과정에서 유기물의 최종 대사물질로 비의도적으로 발생할 수 있기 때문이다. 그럼에도 화장품이나 물티슈에서처럼 물과 함께 존재하는 경우 호흡기를 통해 노출될 위험성은 거의 없다.

우리나라에서는 포름알데히드 외에도 납, 니켈, 비소, 수은, 안티몬, 카드뮴, 디옥산, 메탄올, 프탈레이트류 등 일부 독성 물질은 화장품 제조 과정에서 인위적으로 첨가하지 않아도 제조 또는 보관, 포장 과정에서 비의도적으로 유래할 수 있는 점을 고려해 기술적으로 완전한 제거가 불가능한 경우 각각의 허용 한도를 법으로 제한하고 있다.

# 미백의 함정, 하이드로퀴논

피부 미백의 메커니즘은 크게 여섯 가지이다. △ 멜라닌 색소를 생성하는 피부 세포인 멜라노사이트에 독성을 가해 활동을 저해하거나 △ 멜라노사이트에 신호전달 물질을 차단해 멜라닌 색소의 생성을 억제하거나 △ 멜라닌 생성에 관여하는 효소인 티로시나아제의 활동을 억제하거나 △ 티로시나아제의 생성을 억제하거나 △ 이미 생성된 멜라닌 색소를 환원시키거나 △ 신진대사를 촉진해 멜라닌의 배출 속도를 증가시키거나 각질을 제거해 멜라닌 색소의 탈락을 돕는 것이다. 자외선 차단을 통해 멜라닌 색소의 생성 자체를 차단하는 방법도 있다.

하이드로퀴논은 이 중 첫 번째 언급한 멜라노사이트에 세포 독성을 주는 방법에 사용되는 대표적인 미백 원료다. 전 세계적으로 50여 년 이상 기미 치료에 사용되어 온 강력한 미백 성분인 하이드로퀴논은 국내에서도 미백 화장품의 성분으로 크게 인기를 끌었다. 1980년대 기미 크림으로 폭발적인 반응을 이끌어낸 모 회사의 미백 크림이 대표적이다.

그러나 현재 해당 크림은 일반 화장품이 아닌 약국에서만 구매 가능한 '의약품'으로 분류되어 전문 약사의 지시에 따라서만 사용이 가능하다. 크림에 들어 있는 대표 미백 성분인 하이드로퀴논이 피부 자극과 알레르기, 피부를 영구 탈색시키는 백반증 등을 유발한다는 보고가 잇따라 발표된 것은 물론 동물 실험 결과에서 세포의 변이원성 및 발암 위험성이 발견되었기 때문이다. 특히 하이드로퀴논 유도체 중 가장 강력한 활성을 갖는 것으로 알려진 하이드로퀴논 모노벤질 에테르는 이러한 위험성에 대한 우려 때문에 대부분의 나라에서 사용이 금지되어 있으며, 하이드로퀴논 자체도 국가별로 화장품에서의 사용을 전면 금지하거나 함량을 제한하고 있다. 우리나라도 현재는 의약품에만 제한적으로 사용을 허가하고 있다.

알부틴 성분이 함유된 제품을 중복해서 사용하는 것에도 주의해야 한다. 스킨, 로션, 에센스, 크림 등 모든 스킨케어 제품에 알부틴이 함유되어 있다면 생각보다 많은 양의 알부틴을 한 번에 적용하게 되는 셈이기 때문이다. 미백 성분으로 애용되는 알부틴은 포도당과 하이드로퀴논이 결합된 형태로, 과량 사용 시 포도당과 하이드로퀴논의 결합이 깨지면서 하이드로퀴논의 독성이 발현되어 피부 자극이 발생할 수 있다.

# 불신과 불안 사이, 가습기 살균제 성분

물티슈 포름알데히드 과다 검출 사건에 이어서 또 한 가지 이슈가 된 것은 가습기 살균제 성분이었다. 지난 2016년 정부는 시중에 유통되고 있는 물티슈와 화장품 중 일부 제품에서 가습기 살균제 성분인 메칠클로로이소치아졸리논CMIT과 메칠이소치아졸리논MIT 등이 검출되어 회수 조치를 내렸다. 메칠클로로이소치아졸리논과 메칠이소치아졸리논은 살균 기능이 있어 화장품 보존제로도 사용되어 왔지만, 가습기 살균제 사건 이후 세포 독성이 여타 가습기 살균제 성분보다 강하다는 질병관리본부의 연구 용역 결과가 발표됨에 따라 식품의약품안전처는 2015년, 사용 후 씻어 내는 제품에 한해 0.0015% 이하 범위 내에서만 사용하도록 「화장품 안전기준 등에 관한 규정」을 개정하였다. 관련 법령에 따라 물티슈 등에는 사용이 전면 금지되었고, 2017년부터는 방향제, 탈취제, 코팅제 등 모든 스프레이형 제품에 대해서도 금지 성분으로 지정되었다.

2021년 기준 가습기 살균제 피해로 신고된 사망자 수는 1,740명, 생존 피해자는 5,902명이며 신고되지 않은 사례까지 포함하면 그 피해는 가늠하기 어려울 정도로 엄청나다. 사회적참사특별조사위원회는 1994~2011년 사이 가습기 살균제 피해로 사망

한 숫자를 신고자 수보다 훨씬 많은 2만 366명에 달하는 것으로 추산했으며, 생존 피해자는 95만 명, 노출자는 894만 명에 달하는 것으로 발표했다.

그렇다면 이처럼 엄청난 피해를 낳을 위험한 물질이 수십 년간 시중에서 별다른 규제 없이 사용될 수 있었던 이유는 무엇일까?

가습기 살균제의 살균 성분으로 사용된 폴리헥사메틸렌구아디닌 PHMG, 염화에톡시메틸구아디닌 PGH, 클로로메틸이소티아졸리논 CMIT, 메틸이소티아졸리논 MIT 등은 이전부터 살균·보존제로 다양한 분야에 걸쳐 범용 되어 온 성분으로, 흡입을 통해 인체에 적용되었을 때는 폐섬유화 등의 부작용을 일으키지만 피부 접촉 등을 통한 영향은 그다지 크지 않은 것으로 알려져 있다. 가습기 살균제 피해가 보고되기 전까지 해당 성분들이 화장품의 보존제나 물티슈의 살균제 성분 등으로 흔히 사용될 수 있었던 이유다. 문제는 이 성분들이 단순 피부 접촉이 아닌 장기간 인체 노출, 특히 흡입을 통해 인체에 적용되었을 때의 위험성에 대해 어느 누구도 주의를 기울이지 않았다는 데 있다. 가습기 살균제는 세계 최초로 우리나라에서 개발, 판매가 허가된 새로운 유형의 제품이었기에 인체 적용 방법에 따라 부작용이 다르게 나타날 수 있음을 인지하고 그에 합당한 실험과 연구를 진행해야 하였으나 우리 정부와 기업 그 어느 쪽도 그런 세부적인 문제에 주목하지 않았던 것이다. 폐섬유화 증상과 같은 피해 사례가 해외에서조차 전무했던 것도 안일한 대처에 한몫했다.

2024년 2월, 법원은 가습기 살균제 피해자와 유족에 대한 국가 배상 책임을 처음으로 인정했다. 재판부는 판결을 통해 "환경부 장관 등이 이 사건의 화학 물질 PHMG·PGH에 대해 불충분하게 유해성 심사를 했고, 그 결과를 성급하게 반영해 '유독물에 해당하지 않는다'라고 안전성을 보장하는 것처럼 고시했다. 이후 이를 10년 가까이 방치했다"라고 지적했다. "국가가 안전성을 보장한 것과 같은 외관이 형성됐고, 이 때문에 가습기 살균제의 화학 물질이 별다른 규제를 받지 않고 수입·유통돼 지금과 같은 끔찍한 피해가 일어났다"라는 내용도 덧붙였다.

이보다 앞선 2024년 1월에는 유해 가습기 살균제 제조·판매 혐의로 기소되었던 회사들의 전 대표에 대한 2심 판결이 진행되었다. 재판부는 "피고인들은 어떠한 안전성 검사도 하지 않은 채 상품화 결정을 내려 공소 사실 기재 업무상 과실이 모두 인정된다"라고 판시하고, 1심의 무죄 판결을 뒤집고 유죄를 인정하였다.

수많은 인명 피해를 낳은 가습기 살균제 성분이 화장품에 들어 있을지도 모른다는 공포는 화장품 성분에 대한 또 다른 혐오로 연결되었다. 가습기 살균제 문제가 불거질 당시까지만 해도 해당 성분의 가습기 살균제 적용에 대한 별다른 기준이 없었기에 정부 가이드에 대한 불신 또한 팽배할 수밖에 없었다. 한 번 시작된 공포는 공기처럼 그 무엇으로도 막기 어려운 확산과 전이 속도를 가진다.

'가습기 살균제 성분의 피부 접촉은 호흡기를 통한 흡입과 달리 치명적인 독성을 발휘하지 않는다'라는 사실은 지금에 와서 그다지 중요치 않은 듯하다. 사건의 교훈은 새로운 제품의 개발과 판매에만 급급해 안전에 대한 책임을 다하지 않은 기업, 면밀한 연구와 검토 없이 안전성을 보장한 정부의 무책임함이 얼마나 참혹한 결과를 낳았나 하는 것이다. 그 무엇으로도 가습기 살균제 사건 피해자들의 피해와 고통을 돌이킬 수는 없을 것이다. 세월이 흘렀지만, 100% 안전을 보장할 수 있는 것은 여전히 지구상에 존재하지 않는다. 우리가 정부와 기업에 책임 있는 역할과 대응을 끊임없이 요구하고 감시해야 하는 이유다.

# 프탈레이트 사각지대

2024년 5월 식품의약품안전처는 화장품 안전기준이 설정된 디부틸 프탈레이트DBP, 부틸벤질 프탈레이트BBP, 디에틸헥실 프탈레이트DEHP와 화장품 배합 금지 원료 및 어린이 제품 공통 안전기준에 기준이 설정된 프탈레이트류 4종인 프탈산이소데실 프탈레이트DIPP, 부틸메틸 프탈레이트BMP, 디-n-옥틸 프탈레이트DNOP, 디소부틸 프탈레이트DIBP에 대한 통합 위해성 평가 결과를 공개하며 "노출 경로흡입, 경구, 피부, 노출원 식품, 화장품, 위생용품 등, 식품 섭취량 및 제품 사용 빈도 등에 대한 정보를 수집·분석하여 체내로 들어오는 프탈레이트의 총 노출량을 산출한 결과, 인체에 위해 발생 우려가 없다"라고 발표했다. 평가 결과 프탈레이트 7종의 체내 총 노출량은 0.005~1.145 µg/kg체중/일로, 노출량을 인체 노출 안전기준과 비교한 위해지수는 최대 2.9% 수준이었다.

프탈레이트는 플라스틱이나 비닐, 가죽 제품을 유연하게 하는 성분으로, 화장품에서는 향의 보존성을 높이는 용매로 사용되거나, 화장품의 성분이 서로 잘 섞이도록 돕는 역할을 해왔다. 매니큐어의 색상을 유지하고 발림성과 건조 속도를 높이는 용도로도 사용되었다. 그러나 내분비계 교란 물질로 생식 호르몬 불균형을 초래하고 아동의

학습 능력 저하, 행동 문제, 성장 지연 등의 문제를 일으킬 위험성 등이 제기되면서 현재는 대부분의 국가에서 화장품 배합 금지 원료로 지정하고 있다. 우리나라에서는 2005년부터 화장품법의 「화장품 안전기준 등에 관한 규정」을 통해 디부틸프탈레이트 등 7종의 프탈레이트류를 사용 금지 원료로 지정한 데 이어, 화장품 원료로 사용하지 않더라도 비의도적으로 유입될 수 있는 검출 허용 한도 역시 100μg/g 이하로 관리하고 있다. 화장품뿐만 아니라 어린이 장난감이나 각종 포장재, 생활 용기, 의료기기, 전자제품, 일회용 면봉, 기저귀 등 생활에서 사용하는 수많은 용품에 대해서도 프탈레이트류의 사용 금지 또는 미량의 검출량만을 허용하고 있는 상황이다.

화장품 속 프탈레이트 함량에 대한 정부 기관의 감시 체계는 그 어느 분야보다 촘촘하고 매섭다. 식품의약품안전처의 발표 이전인 2024년 2월, 서울시 보건환경연구원에서는 손발톱용 화장품 78품목, 방향용 제품 57품목, 체취 방지용 제품 13품목 등 총 148품목에 대한 프탈레이트류 7종의 프탈레이트 잔류량 및 노출량을 검사하였는데, 그 결과 역시 모두 미검출 또는 기준 이내 적합 판정하였다. 2019년 경기도 보건환경연구원의 조사에서도 '매니큐어', '네일 글루손톱 접착제', '인조 손톱', '네일 스티커' 등 손톱 치장에 사용되는 제품 82종에 포함된 프탈레이트 11종의 함유량이 모두 '유통 화장품 안전 관리 기준' 및 '어린이 제품 공통 안전기준'에 적합한 것으로 나타났다.

전 세계의 향수 회사들 역시 앞다투어 '프탈레이트 프리' 선언을 하고 있다. 이미 법적으로 금지된 원료를 굳이 언급하며 안전성을 강조하는 이유는 단순 접촉이 아닌 호흡기를 통한 흡입의 위험성이 훨씬 크다는 것을 이들 회사 스스로 알고 있기 때문일 것이다.

그런데 곰곰이 따져보면, 우리가 일상에서 사용하는 방향 제품의 종류가 향수 한 가지만인 것은 아니다. 집집마다 화장실이며 드레스룸에 사용하고 있는 디퓨저, 룸스프레이, 탈취제, 향초, 자동차용 방향제 등은 향수와 달리 화장품이 아닌 '공산품'이다. 화장품법이 아닌 공산품법에 따라 관리되는 제품이라는 뜻이다. 당연히 전 성분 표시제도의 적용을 받지 않기에 소비자가 사용 원료를 확인하기도 어렵다. '천연 향'을 사용했다고 해서 배합 과정에 어떤 첨가물이 들어갔을지는 알 수 없는 노릇이다.

물론 정부 차원에서 공산품에 대한 위해 물질 관리가 이뤄지지 않는 것은 아니나 호흡기 또는 구강을 통한 위해 물질의 흡입 또는 흡수는 피부 접촉과는 차원이 다른 문제를 일으킬 위험이 있다. 식품의약품안전처에서 임신부와 영유아, 아동의 향수 사용에 주의를 당부하는 것도 같은 이유에서일 것이다.

# 실리콘 오일이
# 생식 독성을 일으키려면

일상에서는 플라스틱을 대체할 친환경 소재로 분류되는 실리콘도 화장품 성분으로 사용된다고 하면 이야기가 달라진다. '다이메티콘' 또는 '디메치콘'으로 불리는 실리콘 오일을 비롯한 실리콘 폴리머 유도체 그룹 다이메티콘, 메티콘, 아미노바이스프로필다이메티콘, 아미노프로필다이메티콘 등 은 모래 속 규소에서 추출한 것으로, 대량 생산이 가능하고 단가가 저렴하며 무엇보다 피부에 얇은 막을 형성해 수분을 오래도록 지켜 주는 효과가 있어 화장품 원료로 광범위하게 사용된다. 피부나 모발을 부드럽고 매끄럽게 하는 애몰리언트 효과도 뛰어나다. 식품에서는 거품 형성 방지제로 널리 사용되고 있다.

문제는 이 실리콘 오일류가 생식 독성, 유전적 돌연변이를 일으키는 원인이라는 우려다. 지금까지 다이메티콘의 유해성에 대한 보고가 이뤄진 적이 전혀 없음에도 어느새 일부 화장품 회사들은 다이메치콘의 독성 여부를 숨긴 채 소비자들을 기만하는 악덕 기업으로 내몰리고 있다. 결론부터 말하자면 미국 식품의약국은 다이메티콘의 안전성을 검토하여 처방전 없이 구매할 수 있는 일반 의약품 OTC 피부 보호제이자 식품첨가물로 승인하였으며 미국 화장품 원료 검토위원회, 유럽연합, 세계보건기구 WHO 등도 과학적 검토 과정을 거쳐 유해성이 없는 물질로 결론 내렸다.

다만 분자량이 큰 다이메티콘의 폴리머 특성상 피부에 흡수되지 않고 겉면에 피막 형태로 남아 있기 때문에 장기간 지속적으로 사용할 경우 사람에 따라 가려움이나 알레르기 반응을 일으킬 수 있으며, 모공을 막아 모낭염이나 여드름, 탈모 등의 원인이 될 수는 있다. 피막 효과로 인해 피부에 수분을 가둬 두고, 파운데이션이나 BB크림 같은 메이크업 제품이 피부에 매끄럽게 발리는 효과를 발휘하는 것이지만 말이다. 이 때문에 다이메티콘을 함유한 제품을 사용한 후에는 깨끗이 세안하고 관리하는 것이 중요하다. 린스나 트리트먼트 사용 시 두피에 닿지 않도록 유의하고 잘 헹궈 내야 하는 것도 같은 이유 때문이다.

2019년 유럽연합은 환경 규제 'REACH'를 통해 또 다른 종류의 실리콘 오일류인 사이클로테트라실록세인 D4의 사용을 전면 금지시켰다. 사이클로테트라실록세인은 실리콘 오일 사이클로실록세인의 일종으로 유럽연합 외에도 호주, 일본 등에서 생식 독성 의심 물질로 분류되어 사용이 금지된 상태다. 미국 캘리포니아주에서도 2027년 부터는 화장품에 사용을 금지할 예정이다. 실리콘 오일에 대한 우려가 계속됨에 따라 유럽연합은 최근 'REACH' 개정안을 발표하고, 2026년부터 바른 후 씻어 내지 않는 화장품에 대한 사이클로실록세인류의 사용을 각 0.1% w/w 미만으로 제한하기로 했다. 사이클로실록세인에는 사이클로테트라실록세인, 사이클로펜타실록세인 D5, 사이클로헥사실록세인 D6 등이 포함된다.

지금도 수많은 연구기관에서 실리콘 오일을 대체할 만한 천연 성분을 개발하는 데 심혈을 기울이고 있지만 효과 면에서는 기대할 만한 성과를 거두지 못하고 있다. 無실리콘 처방의 린스 제품을 사용해 본 사람들은 알겠지만 확실히 머리카락이 뻣뻣하고 잘 엉키며 정전기 방지 효과 또한 떨어진다. 그럼에도 실리콘 오일의 단점을 보완할 수 있는 더 안전한 천연 대체제가 개발된다면 소비자들의 불안을 조금이나마 덜 수 있는 기회가 되지 않을까 기대해 본다.

# 누구를 위한 웰빙일까?
# 미세 플라스틱

　코로나19 팬데믹 이후 가장 크게 달라진 일상의 풍경을 꼽으라면 너무나도 자연스러워진 배달·온라인 쇼핑 문화, 그리고 일회용 포장재의 사용이다. '위생'이라는 명분 뒤에 감춰진 편리함의 맨얼굴은 일상에서 먹고 마시는 사소한 하나까지도 플라스틱 포장재를 사용하지 않고는 닿을 수 없는 것으로 고착화시켰다. 물과 공기, 식량, 그리고 플라스틱 없는 인류의 삶을 상상이나 할 수 있을까.

　'웰빙'이라는 단어를 처음 접했던 건 2000년대 초반 무렵이었던 것으로 기억한다. 웰빙은 산업혁명 이후 물질문명에 기대어 유토피아를 꿈꾸던 인류가 세계대전과 환경 파괴, 인간성 말살이라는 끔찍한 시행착오를 겪으며 채택한 일종의 자기반성적 삶의 방식이다. '잘 사는 것'에 대한 정의는 여전히 혼란스럽고 모호하지만 이성과 합리, 눈에 보이는 '물질적 편의'를 최상의 가치로 여기던 모더니즘적 가치에 반발해 대안으로서의 자연주의적 삶을 표방하는 것이 이 시대의 웰빙임은 자명해 보인다.

　여타의 분야에서도 그러하듯 '뷰티' 분야에서의 '웰빙'은 얼핏 보기에도 효율이 극도로 떨어진다. 성형 수술보다는 요가와 명상, 꾸준한 운동을, 간편하고 저렴한 패스트푸드나 인스턴트 식품 대신 볼품없고 손질이 번거로운 데다 비싸기까지 한 날 것 그대로의 유기농 식재료를, 플라스틱과 비닐 포장재 대신 업사이클링 용기와 종이 포장재를 사용하는 '불편함'이 웰빙의 가치에 부합하는 '아름다움'이고 '트렌드'이기 때문이다.

화장품 속 미세 플라스틱 이슈가 세간을 떠들썩하게 했을 때 그 책망의 화살이 소비자 스스로에게까지 향한 것은 자신의 소비가 보다 윤리적이고 가치 있기를 바란 탓에 겪어야 했던 성장통일 수 있다. 우리는 분명 잘 살기 위해, 아니 가치 있게 살기 위해 노력하고 있었고 적어도 코로나19 팬데믹이 발발하기 전까지는 불편함을 감수하고서라도 플라스틱 소재의 사용을 줄이기 위해 이런저런 시도를 해왔다. 그럼에도 "일상의 소비재로 사용해 온 세정제나 자외선 차단제에 작은 플라스틱 알갱이가 포함되어 있고, 이 썩지 않는 견고한 물질이 생활 하수를 통해 바다로 흘러가 해양 생물의 먹이가 되었다가 다시 인체에 축적될 수 있으며, 이로 인해 '바다의 숲'이라 불리는 산호초 군락지가 훼손되었다"라는 환경 전문가들의 보고는 우리가 지키려 애써 온 소비 가치의 환상을 산산이 부서뜨렸다.

미세 플라스틱은 5mm 이하의 작은 플라스틱 입자를 지칭하는 것으로, 그 자체만으로도 생산 공정에서 사용되는 연화제, UV 안정제, 염료 등을 함유하고 있어 문제가 되지만, 물속에서는 부유하는 화학 물질을 자석처럼 끌어당기는 성질이 있어 그 위험성이 커지는 것으로 알려져 있다. 이러한 사실이 밝혀지자 미국에서는 2014년 일리노이주를 시작으로 퍼스널 케어 제품에 미세 플라스틱 원료 사용을 규제하고 있고, 유럽 각국도 관련 법안을 통해 사용 규제에 나섰다. 우리나라 역시 2017년 관련법 개정을 통해 화장품 제조·판매 과정에서 미세 플라스틱 사용을 금하고 있다.

미세 플라스틱에 대한 규제와 더불어 옥시벤존, 옥티노세이트 등 산호초에 해를 끼치는 자외선 차단 성분의 사용을 금지하는 법안도 속속 통과되고 있다. 2021년, 미국 하와이를 시작으로 플로리다와 남태평양 도서 지역으로도 이러한 움직임은 확산되는 추세다. 전문가들은 이외에도 해양 생물에 해를 끼칠 수 있는 미네랄 오일과 티타늄

디옥사이드의 사용도 자제할 것을 권하고 있다.

그렇다면 우리는 이제 더 이상 미세 플라스틱에 대한 걱정은 묻어 두어도 괜찮은 걸까? 안타깝게도 그 대답은 'Of course not'이다. 코로나19 팬데믹 발발 이전인 2019년 집계 한국은 전 세계 플라스틱의 4.1%를 생산하여, 중국 21%, 유럽연합 15%, 미국 14.5%, 독일 5.5%, 인도 4.2%에 이어 6위 생산국으로 이름을 올렸고, 이듬해인 2020년 EUROMAP은 우리나라 국민의 연간 플라스틱 포장재 배출량이 1인당 67.4kg으로 세계 3위를 차지한다고 발표했다. 코로나19 팬데믹 이후의 상황은 더욱 심각해졌다. 한국플라스틱포장용기협회 자료에 따르면, 국내 배달 용기 생산량은 2019년 9만 2,695톤에서 2020년 11만 957톤으로 증가했다. 이듬해 말 환경부는 2021년 국내 배달 음식 이용량이 2019년 같은 기간보다 75.1% 늘었으며, 택배 거래량도 19.8%가량 증가했다고 발표했다. 이에 따라 폐플라스틱은 14.6%, 폐비닐은 11% 각각 증가한 것으로 나타났다.

코로나19 팬데믹 종식을 선언한 현재 상황은 어떨까. 우리는 과연 온라인 쇼핑과 배달 음식, 깔끔하게 손질하여 포장된 밀키트 재료의 편리함에 길든 삶을 이전으로 되돌릴 수 있을까. 포장 용기나 택배 포장재를 잘 분리배출하고 있으니 괜찮을 거라 애써 진실을 외면하고 싶은 이들도 알고 있을 것이다. 폐기된 플라스틱의 재활용률은 기대하는 만큼 높지 않으며, 이들 제품이 곧 미세 플라스틱인 것은 아니지만 다양한 경로를 통해 부서지고 깨져 바다를 떠도는 사이 어느새 작은 플라스틱 조각으로 변모해 생태계를 위협하는 유해 물질이 된다는 사실 말이다. 우리가 포장재의 사용을 최소화하거나, 친환경 용기를 개발·적용하고자 노력하는 화장품 회사들에 더 많은 관심과 지지를 보내야 하는 이유다.

# 괜찮지만은 않은 염모제 성분들

모발 염색제 성분의 위험성 논란은 지난 수십 년간 계속되어 왔다. 세계보건기구 산하 국제암연구기관 IARC은 지속적으로 전문 염모제에 노출될 수밖에 없는 미용사들을 발암 물질 probable human carcinogen 노출 위험 직업군으로 분류하였고, 학계에서도 염모제 성분 중 일부가 피부 발진, 가려움, 수포, 따가움 등의 이상 반응을 일으킬 수 있으며 특히 환자나 임신부, 특이 체질 등의 사람에게는 염색제 사용을 제한해야 한다고 경고해 왔다. 이런 까닭에 우리나라에서는 화장품법이 제정된 후에도 오랫동안 염모제를 화장품이 아닌 의약외품으로 구분하였으며, 2017년 법 개정을 통해 기능성 화장품으로 변경한 후에도 식품의약품안전처가 사전 심의를 통해 사용해도 좋다고 고시한 성분을 고시한 농도 내에서만 배합해 기능성을 인증받은 후 시장에 출시하도록 하는 '사전허가제'를 적용하고 있다. 사전허가제는 전 세계적으로 우리나라와 중국이 기능성 화장품 중국의 경우 특수 화장품에 대해서만 시행하고 있는 제도로, 대부분의 국가에서는 화장품에 대해 제품에 특별한 문제가 발견되었을 때 처벌하는 방식인 사후관리제를 채택하고 있다. 우리나라도 기능성 화장품을 제외한 화장품에 대해서는 사후관리제가 적용된다.

염모제 성분 중에는 염모제 외 다른 화장품에서의 사용이 금지된 성분들도 다수 있는데 파라페닐렌디아민 PPD, 파라톨루엔디아민 PTD, 암모니아 등 피부 자극과 알레르기를 유발하는 것으로 알려진 성분들이 대표적이다. 이러한 성분들은 염모제에도 극히 제한된 함량만 사용이 허가되어 있으며, 모발과 피부 상태, 체질 등에 따라 알레르기 등의 부작용이 발생할 수 있어 전문가들은 물론 화장품 회사들도 사용 전 반드시 패치 테스트를 거치도록 권하고 있다.

물론 염모제에 대한 지금까지의 견해를 뒤집는 연구 결과도 있다. 지난 2020년 오스트리아 빈 의대 에바 셰른하머 전염병학 교수 연구팀은 대규모 코호트 연구를 통해 미용사의 경우처럼 직업적으로 매일 과도하게 염모제에 노출되는 것이 아닌 홈 케어 수준의 염모제 사용만으로 인체에 유해한 영향을 끼친다고는 보기 어렵다고 결론 내렸다. 영국의 의학저널 BMJ을 통해 발표된 해당 연구는 미국인 여성 간호사 11만 7,200명을 36년간 추적 관찰한 것으로, 동일 주제를 다룬 연구 중 최대 규모로 진행된 것이어서 더욱 관심이 집중되었다. 연구에 따르면 모발 염색과 대다수 유형의 암 발생 위험, 암 관련 사망 사이에는 눈에 띄는 연관성을 찾기 어려우나 기저세포암, 호르몬 수용체 음성 유방암, 난소암 등은 예외적으로 일부 관련성이 있는 것으로 나타났으며, 그 외 머리카락의 색에 따라 특별히 발생 위험이 높은 암이 존재하는 것도 확인할 수 있었다. 이러한 연구 결과는 지금까지 염모제의 위험성 논란의 상당 부분을 잠재울 수 있는 것이기는 하지만, 연구팀에서 언급한 대로 일부 유형의 암에 대한 연관성을 완전히 부정할 수 없기에 후속 연구의 필요성이 강조된다.

주의를 기울여야 할 것은 기능성 화장품으로 분류되는 염모제 성분만이 아니다. 기능성 화장품인 염모제는 1제와 2제를 섞어 사용하는 형태로 모발의 단백질 결합을 끊어 모발 속 멜라닌 색소를 파괴하고 염료를 삽입하는 메커니즘을 통해 영구적으로 모발의 색을 변화시키지만 기능성 화장품이 아닌 겔이나 스프레이, 샴푸 타입의 염모제로도 모발의 색을 일시적으로 변화시킬 수 있다. 그중 논란이 되었던 대표적인 사례가

모 회사에서 출시한 샴푸다. 이 샴푸는 염모제에 기본적으로 사용되던 산화제를 대신할 혁신적인 성분으로 사과 속 페놀성 화합물을 내세워 선풍적인 인기를 끌었지만 제품 속 촉매제인 1, 2, 4-트라이하이드록시 벤젠THB 성분의 자극성·알레르기성 접촉피부염 유발 가능성이 제기되었다. 해당 제품은 사전허가제 대상인 기능성 화장품, 즉 영구적 염모제는 아니었으나 식품의약품안전처는 2023년 말, 잠재적 유전독성 가능성을 예방하는 차원에서 해당 성분을 화장품 사용 금지 원료로 지정했다.

이 책을 통해 말하고자 하는 것은 특정 성분에 대한 흑과 백, 무한한 신뢰나 근거 없는 불신이 아니다. 언급한 에바 셰른하머 연구팀의 실험에서처럼 세상에는 수십 년에 걸친 코호트 실험을 통해서도 100% 명확한 결론을 내리기 어려운 성분들이 수없이 존재한다. 한 가지 분명한 것은 우리나라의 화장품 성분에 대한 규제가 해외 어느 나라에 견주어도 뒤지지 않을 만큼 까다롭다는 사실이다. 이를 두고 업계에서는 화장품 산업 발전을 저해하는 '지나친 규제'라며 한탄하기도 한다. 덕분에 우리 소비자들은 조금 더 안전한 테두리 안에서 화장품을 사용하고 있으니 그 또한 다행이라 해도 될까 싶다.

# 100% 천연 성분의 허상

특이하게도, 우리나라에는 우리나라에만 존재하는 화장품 관련 법 규정이 몇 가지 있는데 그중 하나가 '천연 화장품'과 '유기농 화장품'에 관한 것이다. 2019년 개정된 화장품법에서는 천연 화장품을 '식품의약품안전처장이 정하는 기준에 따라 동식물 및 그 유래 원료 등 천연 또는 천연 유래 원료를 완제품의 95% 이상 함유한 화장품'으로, 유기농 화장품을 '식품의약품안전처장이 정하는 기준에 따라 천연 화장품으로서 유기 농 원료를 완제품의 10% 이상 함유한 화장품'으로 그 함량과 제조 공정 등을 규정하고 있다. 천연·유기농 화장품에 적용되는 유기농 원료, 식물 원료, 동물에서 생산된 원료, 미네랄 원료, 유기농 원료, 식물 유래·동물성 유래 원료, 미네랄 유래 원료, 천연 원료, 천연 유래 원료에 대해서는 아래와 같이 정한다.

1. "유기농 원료"란 다음 각 목의 어느 하나에 해당하는 화장품 원료를 말한다.
   가. 「친환경 농어업 육성 및 유기식품 등의 관리·지원에 관한 법률」에 따른 유기농수산물 또는 이를 이 고시에서 허용하는 물리적 공정에 따라 가공한 것
   나. 외국 정부 미국, 유럽연합, 일본 등 에서 정한 기준에 따른 인증기관으로부터 유기농수산물로 인정받거나 이를 이 고시에서 허용하는 물리적 공정에 따라 가공한 것
   다. 국제유기농업운동연맹 IFOAM 에 등록된 인증기관으로부터 유기농 원료로 인증받거나 이를 이 고시에서 허용하는 물리적 공정에 따라 가공한 것

2. "식물 원료"란 식물 해조류와 같은 해양식물, 버섯과 같은 균사체를 포함한다 그 자체로서 가공하지 않거나, 이 식물을 가지고 이 고시에서 허용하는 물리적 공정에 따라 가공한 화장품 원료를 말한다.

3. "동물에서 생산된 원료 동물성 원료"란 동물 그 자체 세포, 조직, 장기 는 제외하고, 동물로부터 자연적으로 생산되는 것으로써 가공하지 않거나, 이 동물로부터 자연적으로 생산되는 것을 가지고 이 고시에서 허용하는 물리적 공정에 따라 가공한 달걀, 우유, 우유 단백질 등의 화장품 원료를 말한다.

4. "미네랄 원료"란 지질학적 작용에 의해 자연적으로 생성된 물질을 가지고 이 고시에서 허용하는 물리적 공정에 따라 가공한 화장품 원료를 말한다. 다만 화석연료로부터 기원한 물질은 제외한다.

5. "유기농 유래 원료"란 유기농 원료를 이 고시에서 허용하는 화학적 또는 생물학적 공정에 따라 가공한 원료를 말한다.

6. "식물 유래, 동물성 유래 원료"란 제2호 또는 제3호의 원료를 가지고 이 고시에서 허용하는 화학적 공정 또는 생물학적 공정에 따라 가공한 원료를 말한다.

7. "미네랄 유래 원료"란 제4호의 원료를 가지고 이 고시에서 허용하는 화학적 공정 또는 생물학적 공정에 따라 가공한 별표 1의 원료를 말한다.

8. "천연 원료"란 제1호부터 제4호까지의 원료를 말한다.

9. "천연 유래 원료"란 제5호부터 제7호까지의 원료를 말한다.

해외에서도 제품에 '유기농' 또는 '비건' 인증마크를 부착하거나 '천연' 원료의 사용을 강조하는 사례가 있다. 소비자로서는 큰 차이를 알지 못할 수도 있지만, 이들 제품의 경우 제품 자체가 아닌 제품에 사용된 원료의 유기농 또는 비건 여부만을 인증하는 것이어서 우리나라의 제도와 확연한 차이를 가진다. 물론 위 1항의 '나'에서 지칭하는 '외국 정부 미국, 유럽연합, 일본 등 에서 정한 기준에 따른 인증기관'이나 '국제유기농업운동연맹에 등록된 인증기관'이 전 세계적으로 통용되는 유기농 원료 인증기관이라는 점에서 우리나라 역시 해외의 기준을 수용하고 있다고 볼 수 있으나 해외 국가들의 경우 완제품에 대한 천연 또는 유기농 인증에 대한 별도의 규정이 없을뿐더러 원료에 대한 검증 역시 개별 민간기관의 역할 범주로 맡겨 두고 있다.

우리 정부의 이 같은 기준은 국가가 정하고 관리하는 엄격한 기준을 통과해야 천연 또는 유기농 화장품 인증 마크를 획득할 수 있다는 점에서 조밀한 소비자 안전망을 구축한 사례로 평가되지만, 한편으로 빠르게 변화하는 글로벌 시장 니즈와 트렌드에 부합하기 어렵다는 단점도 가진다. 최근 국회에서 천연·유기농 화장품에 대한 민간 자율 인증제도를 활성화하는 화장품법 개정안을 대표 발의하고, 식품의약품안전처 또한 간담회를 통해 "정부 주도로 금지 성분과 제한 성분만을 정하는 기존 체계에서 업체의 자율적인 책임을 강조하는 안전성 평가제로 전환하겠다"라는 뜻을 밝히면서 해당 법의 폐지를 거론한 것도 이러한 시장 상황을 반영한 것으로 풀이된다.

법안 폐지의 목소리가 높아지는 이유는 또 있다. 앞서 방부제 없는 화장품 편에서도 언급하였듯 천연물은 직접 가공하여 바로 사용하지 않는 한 부패와 변질의 위험성을 피할 수 없고, 부패·변질된 화장품은 방부제보다 훨씬 위험한 독성과 부작용의 가능성을 내포한다. 이런 이유로 그 어떤 첨가물도 없이 100% 완벽한 천연물만으로 시판 화장품을 완성하는 것은 현실적으로 불가능하며, 시장에서 100% 천연 화장품임을 내세워 판매·유통되고 있는 제품들 역시 실제 소비자가 기대하는 100% 천연 원료로 구성된 제품과는 어쩔 수 없는 괴리가 존재한다.

그렇다면 시중에서 100% 천연 성분임을 강조하는 제품들은 어떻게 방부제 등의 첨가물 없이 부패와 변질의 위험을 방지하는 것일까? 여기에는 몇 가지 숨겨진 가능성이 있는데, 위 법안의 항목에서도 확인할 수 있듯 '천연 화장품'은 법적으로 식물·동물·미네랄 원료 그 자체만이 아닌 '유래 원료'를 허용하고 있다. 유래 원료는 모두 특정한 화학적 또는 생물학적 가공 과정을 거치게 마련인데, 이는 다시 말하면 원료의 가공 단계에서 제품의 안전성과 제형의 안정성을 위해 이미 방부제, 계면활성제 등을 첨가하는 특정한 화학적 또는 생물학적 가공 과정을 거쳤을 가능성이 높다는 뜻이다. 간혹 천연 방부제를 사용하였다고 주장하는 제품들도 있지만, 제품이 유통·판매되어 소비자가 사용을 마무리하는 동안의 기간을 고려하면 100% 순수 천연 방부제만으로는 그 기능과 유효성을 보장하기 어려운 것이 사실이다. 더욱이 법에서 규정하는 천연 화장품의 천연 함량 비율%은 '물+천연 원료+천연 유래 원료'의 비율이기 때문에 전체 천연 함량 중 실제 천연물이 얼마나 함유되어 있는지, 그 천연물의 효과가 유의미한 차이를 보인다고 판단될 정도로 현저한 것인지 소비자가 확인할 방법은 없다.

또 한 가지 짚고 넘어갈 것은 천연물의 안전성에 대한 부분이다. "화학 성분이 배제되어 민감한 피부에 안전하다"는 광고 문구에 현혹되어 비싼 돈을 지불하고 천연 또는 유기농 성분의 화장품을 구매했는데 오히려 트러블이 생겼다는 후기를 심심찮게 발견하게 되는 이유는 천연 원료라 해도 이를 재배 및 가공, 추출하는 과정에서의 안전성을 확인하기 어렵기도 하거니와 천연물 자체에 개개인의 피부와 맞지 않는 독성이 있을 수 있기 때문이다.

## MINI INFO  유해성과 위해성

화장품 성분 관련 정보를 살피다 보면 자주 접하게 되는 단어 '유해성'과 '위해성'은 전문가들마저 종종 혼동할 만큼 비슷한 맥락 안에서 많이 사용되지만 알고 보면 그 의미와 쓰임새가 사뭇 다르다. 우선 유해성 有害性, Hazard 은 특정 성분 또는 물질이 인체 또는 환경에 좋지 않은 영향을 미치는 성질을 뜻한다. 반면 위해성 危害性, Risk 은 사람 또는 환경에 특정 성분 또는 물질이 노출되었을 때 피해를 줄 수 있는 정도를 뜻한다. 특정 성분의 위해성, 즉 인체나 환경에 피해를 주는 정도를 알기 위해서는 그 성분의 유해성뿐만 아니라 노출량과 빈도 등도 충분히 고려되어야 한다. 유해성이 큰 물질이라면 소량에만 노출되어도 위해성이 클 수 있으며, 유해성이 작은 물질도 노출량이 많고 빈도가 잦으면 충분히 위해성이 커질 수 있기 때문이다.

쉬운 예로, 영화 <친절한 금자씨>에서 금자가 죄수를 괴롭히는 마녀를 독살하는 데 사용한 청소용제 '락스'는 우리가 일상생활에서 가정용으로도 흔히 사용하는 살균/소독제로 소량을 희석해 청소나 소독에 이용하는 것은 큰 문제가 되지 않는다. 하지만 락스의 주성분인 차아염소산나트륨은 피부에 닿았을 경우 발적과 수포, 화상, 통증 등을 일으킬 수 있으며, 눈에 튀거나 닿았다면 발적, 통증 외에도 눈을 멀게 할 수 있을 정도로 치명적이다. 흡입하였을 경우 기침과 인후통, 폐부종 등을 일으킬 수 있고 섭취했을 때는 구토나 복통 등을 유발한다.

물론 독성이 큰 물질도 인체 또는 환경에 노출되는 양이 미미하다면 위해성이 없거나 낮다고 볼 수 있다. 화장품을 비롯한 일상 소비재에서 단순히 특정 유해 성분, 발암 물질이 검출되었다는 것만으로 인체나 환경에 위해성을 논할 수 없는 것도 비슷한 맥락이다. 일부 언론이나 SNS를 통해 엄청나게 위험한 독성 물질인 양 소개되는 성분 중에는 화학 제품뿐만 아니라 동식물 등 자연에서도 쉽게 발견되는 종류가 상당하며, 그 위해성을 논하는 자체가 어불성설일 수 있다.

# 천연 아로마 오일의 공격

화학 성분에 대한 우려가 커지면서 자연에서 재배한 약용 식물인 '허브'와 허브에서 추출한 정유인 '아로마 오일'에 대한 관심이 날로 커지고 있다. 허브는 고대부터 의학에 이용되어 오던 식물로, 강한 향기와 약용 효과가 있어 의학이 발달하지 못했던 시대에는 신이 내린 선물로 불리며 경외와 숭배의 대상으로 여겨졌다. 그러나 현대 의학의 발달과 함께 대체의학 분야에 대한 불신이 시작되면서 과학적인 연구와 데이터를 갖추지 못한 아로마테라피는 미신의 영역으로 치부될 수밖에 없었다. 물론 아로마테라피에 대한 연구가 활발하게 진행되고 있는 오늘날에는 허브와 아로마 오일이 의학적 치료의 보조적 수단으로 사용될 수 있는 치유의 한 영역으로 인정받고 있는 추세다.

문제는 현대 의학에 대한 불신, 외과적 치료에 대한 두려움 등이 낳은 대체의학에 대한 맹신이다. 과학의 발전이 가져온 크고 작은 사건들은 인류는 물론 지구 환경 전체에 엄청난 재앙을 예견하는 경고장으로 다가왔다. 오늘날 인류가 자연에서 얻은 것은 안전한 것, 화학적 과정을 거쳐 생산된 것은 위험한 것으로 치부하는 이분법적 사고를 가지게 된 것도 그리 놀랄 만한 일은 아니다. "천연 성분이라 안심하고 사용할 수 있다"는 기업들의 다정한 홍보 문구는 불안에 떨고 있는 인류에게 확신의 치트키가 되었다.

그러나 아로마 오일과 같은 천연 성분 중 일부가 '신비의 명약'쯤으로 포장될 수 있는 이유는 이들 성분에 대한 객관적이고 명확한 임상 데이터가 충분히 갖춰지지 않았기 때문이다. 이는 그 효용이 충분히 밝혀지지 못했다는 뜻도 되지만 독성에 관한 실질적인 연구도 미흡함을 의미한다. 실제로 많은 아로마 전문가가 아로마 오일의 부작용에 대해 경고하는 것도 같은 이유에서다. 특히 이들은 일상에서 가장 범용적으로 사용되는 아로마 종류인 라벤더와 재스민, 로즈메리 등을 비롯한 대다수의 아로마 오일을 임신 중 사용 금지 성분으로 지목하고 있다. 일부는 식물 자체가 가진 독성으로 인해 태아에 악영향을 미칠 수 있으며, 또 일부는 여성 호르몬에 영향을 미쳐 유산 등의 위험을 초래할 수 있는 것으로 알려져 있다.

대다수의 아로마 오일은 영유아, 그리고 반려동물에게도 사용을 금해야 한다. 성인에게는 이로운 성분도 면역 체계가 온전히 형성되지 못한 영유아에게는 위험할 수 있으며, 인간에게 이로운 성분이 동물에게는 그렇지 않을 수 있기 때문이다. 특히 식물 성분을 고농축한 에센셜 오일은 피부에 직접 바를 경우 영유아는 물론 성인에게도 알레르기와 화상 등을 일으킬 위험이 있음에 유의하자. 레몬, 라임, 오렌지, 만다린 등의 시트러스 계열 오일과 베르가모트 등은 광독성 피부염을 일으킬 수 있어 희석해서 사용한다 해도 햇볕에 노출될 경우 색소 침착과 염증, 화상 등의 부작용을 일으킬 수 있다.

천연 허브가 가진 효용과 독성을 구체적으로 규명하기 위해서는 앞으로도 많은 연구와 실험이 필요하다. 지구상에 존재하는 허브의 종류만도 수천 종에 달하며, 제대로 된 연구를 시작조차 못 한 케이스도 허다하기 때문이다. 그래서 "천연이어서 안심해도 좋다"라는 말은 참 무책임하다.

# 흡수되어야 할 성분
# VS 지워야 하는 성분

오래전 일이긴 하지만 어느 유명 잡지에서 신제품 자외선 차단제를 소개하는 기사를 읽어 내려가다 두 눈을 의심케 하는 대목을 발견했다. 제품의 자외선 차단 성분이 '피부 깊숙이 흡수되어' 자외선을 효과적으로 방어해 준다는 내용으로, 자외선 차단제의 메커니즘에 대한 이해가 전혀 없는 엉터리 기사였다.

최근 들어 뷰티 전문가를 자처하는 이들이 별다른 검증 없이 잘못된 정보를 유포하는 사례가 더 만연해진 듯하다. 유명 인플루언서나 셀럽들이 SNS나 각종 언론 매체 등을 통해 특정 성분의 위험성이나 유효성에 관해 확인되지 않은 내용을 자극적인 소재거리로 삼아 사실인 양 소개하는 경우가 적지 않기 때문이다.

화장품 성분 중에는 확실히 피부 깊숙이 흡수되어야 그 효능을 제대로 발휘하는 것들이 있다. 비타민과 같은 유효 성분이나 콜라겐, 엘라스틴, 히알루론산 등의 탄력 성분, FGF와 같은 섬유아세포 성장 인자 등이 대표적이다. 하지만 자외선 차단 성분이나 메이크업 제품의 색재처럼 피부 깊숙이 흡수될 경우 피부는 물론 인체에도 좋지 않은 영향을 미치는 것들도 있다는 것을 알아두자.

우리 피부는 크게 표피와 진피, 피하지방의 3중 구조를 이루고 있는데 대부분의 화장품 유효 성분은 표피에조차 쉽게 침투하지 못한다. 표피의 최외각 층인 각질층은 편평한 모양의 각화세포가 벽돌 구조를 이루고 있고, 그 사이사이를 세라마이드, 자유지방산, 콜레스테롤 등으로 구성된 세포간지질 Intercellular lipid 이 채우고 있어 외부 물질이 쉽게 침투할 수 없는 방어막 역할을 하기 때문이다. 이 때문에 피부의 표피 또는 진피까지 도달해 탄력과 수분 공급 등에 중요한 역할을 해야 하는 성분들은 피부에 최대한 잘 흡수되도록 원료를 나노미터 nm, $10^{-9}$m 단위로 잘게 쪼개거나 유효 성분을 눈에 보이지 않는 작은 캡슐로 감싸 피부에 오래 머물면서 서서히 침투되도록 하는 리포솜 기술이 중요하다.

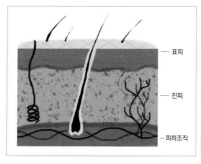

〈피부 구조〉

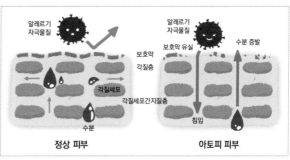

〈표피의 최외곽, 각질층의 구조〉

반대로 메이크업 제품이나 자외선 차단제처럼 피부를 감싸 아름다움을 표현하거나 보호막 역할을 해야 하는 제품의 주요 성분들은 피부 겉면에 자연스럽게 안착하도록 하는 기술이 중요할 뿐 피부 깊숙이 스며들 필요가 전혀 없다. 물론 최근에는 스킨케어 효과를 내세운 메이크업 제품이나 자외선 차단제도 출시되고 있지만, 스킨케어 기능은 제품의 메이크업 또는 자외선 차단 효과를 만족하였을 때 고려할 수 있는 선택 사항일 뿐 제1 조건은 아니다.

다행히 색재나 자외선 차단 성분의 원료 대부분은 입자가 표피에 침투하지 못할 정도로 사이즈가 커서 별다른 문제가 되지 않지만 일부라도 체내에 흡수·축적될 경우 내분비계에 간섭을 일으키거나 광 불안정성을 일으키는 것으로 알려진 성분도 있다. 특히 유기자차 성분인 옥시벤존 Ozybenzone ·벤조페논-3 Benzophenone-3 이나 옥티녹세이트

Octinoxate · 옥틸 메톡시신나메이트 Octyl Methoxycinnamate 등은 인체뿐만 아니라 자연 생태계에도 악영향을 미치는 대표적인 성분으로 알려져 있어 주의를 요한다.

유기자차 성분의 메커니즘은 피부에 닿는 자외선을 자외선 차단 성분이 흡수하여 열에너지로 변환·산란시키는 것으로, 피부에 닿는 자외선을 반사·산란시키는 무기자차 성분과 차이가 있다. 특히 옥시벤존은 피부에 광 알레르기 반응을 유발할 수 있으며 포유동물의 정자 발달을 저해하고 자궁 무게에도 악영향을 미치는 것으로 알려져 있다.

이러한 위험성에도 불구하고 유기자차 성분이 주목받는 이유는 무기자차 성분에 비해 발림성이 좋고 백탁 현상이 없기 때문이다. 지난 2015년 해레티쿠스환경연구소와 하와이대학교 태평양생물학연구센터, 미국 해양대기청 NOAA, 이스라엘 텔아비브대학 동물학과 등이 발표한 공동 연구 결과에 따르면 대표적인 유기자차 성분인 옥시벤존은 62ppt 물 16,250톤에 단 한 방울 농도만으로도 산호에 악영향을 초래한다. 우리가 해수욕을 즐기는 사이 씻겨 나간 자외선 차단제가 바다 산호에 치명적인 기형과 백화 현상을 초래하고 DNA 손상과 생식 능력 상실까지 가져올 수 있다는 것이다. 옥티녹세이트 역시 산호의 체내 바이러스를 활성화시켜 죽음에 이르게 하는 물질로 밝혀졌다.

산호초의 죽음은 지구 생태계를 위협하는 또 하나의 커다란 재앙이다. 바다의 숲이라 불리는 산호초는 단순히 아름다운 자연 경관을 형성하는 관광 자원이 아닌 전 세계 어족 자원과 해양 생태계를 보호하는 중요한 생물 자원이기 때문이다. 해일의 피해를 막아 주고 이산화탄소를 흡수해 기후 변화를 막는 데도 중요한 역할을 담당한다.

물론 일광화상이나 피부암 등 자외선 차단제를 사용하지 않았을 때 발생할 수 있는 여러 위험을 고려한다면 무조건적으로 자외선 자단제를 멀리하는 것만이 답은 아니다. 하지만 피부 건강과 생태계 보호를 위해서라면 조금이라도 안전한 성분의 제품을 선택하고, 메이크업 제품이나 자외선 차단제처럼 피부를 감싸는 역할을 하는 제품들은 사용 후 잔여물이 남지 않도록 잘 지워 내는 것이 중요하다.

# 히알루론산과 콜라겐이
# 듬뿍 들어 있다면

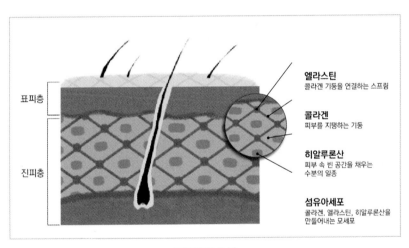

| 엘라스틴 |
| 콜라겐 기둥을 연결하는 스프링 |

**엘라스틴**
콜라겐 기둥을 연결하는 스프링

**콜라겐**
피부를 지탱하는 기둥

**히알루론산**
피부 속 빈 공간을 채우는
수분의 일종

**섬유아세포**
콜라겐, 엘라스틴, 히알루론산을
만들어내는 모세포

표피층

진피층

〈진피층의 구성〉

　화장품의 가장 중요한 기능 한 가지를 꼽으라면 단연 피부 '건강'을 지키는 것 아닐까? 특히 '아름다움=건강함'으로 이해되는 요즘 시대에는 아름답게 나이 드는 것 역시 건강의 중요한 척도라 할 수 있다. 피부 탄력 유지를 위한 유효 성분의 함량이나 유효 성분을 피부에 전달하는 새로운 기술력이 주목받는 이유도 '탄력'이 피부의 건강한 아름다움을 유지하는 데 필수 불가결인 요소이기 때문이다.

피부 탄력을 유지하는 데 도움을 주는 성분에 대해 이야기하기 전 알아두어야 할 것이 피부의 탄력 구조다. 앞 페이지 그림에서 알 수 있듯 우리 피부에서 탄력과 관련된 가장 중요한 역할을 담당하는 것은 진피층인데, 진피는 피부를 지지하는 지지대 역할을 하는 '콜라겐'과 콜라겐의 구조를 유지하는 스프링 역할을 담당하는 '엘라스틴', 그리고 콜라겐과 엘라스틴이 만든 지지 구조 사이를 채우는 '히알루론산'과 섬유아세포로 구성된다. 섬유아세포는 콜라겐과 엘라스틴, 히알루론산을 생성해 내는 일종의 모세포이며, 히알루론산은 피부뿐만 아니라 눈, 관절 등에 존재하며 자기 몸의 1,000배 이상의 수분을 끌어당겨 수분과 탄력을 유지하는 다당체 성분이다. 탄력 케어를 강조하는 제품에서 콜라겐과 엘라스틴, 히알루론산 또는 섬유아세포 관련 성분의 함량을 강조하는 이유도 바로 이 때문이다.

그런데 이러한 진피 구성 성분을 함유한 제품에는 커다란 함정이 있다. 얼핏 보면 해당 성분을 많이 함유한 제품일수록 효과가 뛰어날 것으로 생각되지만, 실상은 그렇지 않을 가능성이 높기 때문이다. 사람 피부의 세포간지질 사이즈는 개인마다 차이가 존재하지만, 일반적으로 30~50nm 정도로 미세하여 500Da 달톤, 고분자 물질의 질량을 표시하는 단위 이하의 미립자만 흡수가 가능한 것으로 알려져 있다. 최근에는 나노 기술의 발달 등으로 1만 Da 이하의 저분자 물질이 개발되고 있지만, 콜라겐이나 히알루론산 같은 고분자 물질이 피부 세포간지질을 통과하기란 매우 어렵다. 구슬이 서 말이라도 꿰어야 보배, 제아무리 품질이 우수한 성분을 다량으로 함유하고 있다고 해도 진피까지 도달하지 못한다면 말짱 도루묵이라는 뜻이다. 탄력 성분에 있어서는 함량보다 피부 깊숙이 안정적으로 도달할 수 있는 기술력이 중요한 이유다.

# 나노 성분과 리포솜

'나노'와 '리포솜'은 화장품 성분에 조금이라도 관심이 있는 사람이라면 한 번쯤은 들어 보았을 법한 용어다. '나노 nano, $10^{-9}$'는 난쟁이를 뜻하는 그리스어 나노스 nanos 에서 유래한 말로, 밀리 milli, $10^{-3}$ 와 마이크로 micro, $10^{-6}$ 다음으로 작은 단위인 10억분의 1미터 사이즈를 말한다. 유럽연합의 화장품 관련 규정 Coosmetic Regulation 에서는 나노 물질을 "1~100nm 사이 크기의 외형 치수 또는 내부 구조를 가진 불용성 또는 생난분해성 Bio-persistent 물질로, 의도적으로 제조된 것"으로 정의하고 있다. 즉 화장품에서의 나노 물질은 주로 의도적으로 생산되며 액체에 녹지 않거나 녹기 어려운 성질, 생체 내 자연 분해가 잘되지 않는 성질을 지닌 것으로 해석할 수 있다.

'리포솜'은 흔히 리포솜으로도 불리는 구 형태의 미세 물질로, 화장품에서는 피부에 흡수되기 어려운 유효 성분을 리포솜 캡슐 안에 담아 피부 깊숙이 안정적으로 도달할 수 있도록 하는 기술력을 의미한다. 얼핏 리포솜 역시 나노 물질로 생각하기 쉽지만 앞서 EU에서 정의한 대로, 생물학적 시스템 내에서 완전히 용해되거나 분해되는 성질이 있어 그 특성이 나노 물질과는 다르다고 볼 수 있다.

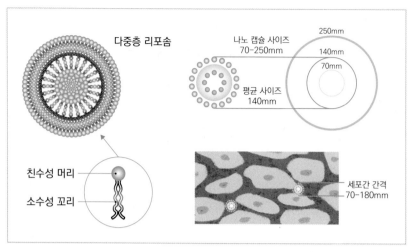

〈리포솜의 구조〉

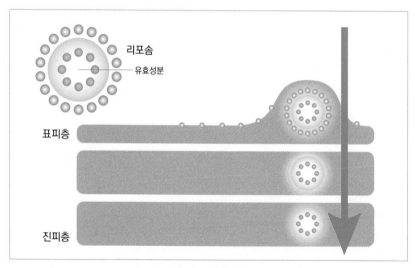

〈리포솜의 피부 침투 과정〉

　화장품에서 나노 기술이나 리포솜 기술이 중요한 이유는 앞서 설명한 유효 성분의 피부 침투력과 관련이 있다. 최근 일본 후지필름사에서는 바세린을 나노화하는 분산 기술을 개발해 화제가 되었는데, 기존의 바세린은 입자가 커 피부 침투는 어려우나 물에 녹지 않는 성질이 있어 피부 표면에 얇은 막을 형성해 수분의 증발을 막는 방식으로 보습 효과를 발휘하였다. 그러나 외부 접촉이나 마찰 등에 쉽게 지워지거나 떨어져 나가 그 효과가 지속되기 어려운 것이 단점으로 꼽혔다. 후지필름이 개발한 나노화 바세린은 이러한 단점을 보완하기 위해 입자를 나노화한 것으로, 미세 입자가 피부 각질층까지 침투해 보습력을 향상시킨다.

이처럼 나노 물질은 입자가 작고 체내 침투력과 인체 반응성이 뛰어나 비교할 수 없을 만큼의 높은 효용을 발휘하지만, 배출이 어렵고 체내 축적 가능성이 높아 의도치 않은 문제를 일으킬 수도 있다. 나노 물질의 위해성을 알린 첫 번째 사건은 2009년 중국의 페인트 공장 노동자들의 폐섬유증 사망 사건이다. 페인트 스프레이를 사용해 제품을 생산하던 공장 노동자들이 나노 물질이 함유된 페인트 성분을 흡입해 영구적인 폐 손상을 입으며 사망에까지 이른 것이다.

화장품에서도 나노 사이즈여서 논란이 되는 성분이 있다. 앞서 말한 유기자차 성분이 대표적인데 최근에는 무기자차 성분인 이산화티탄 TiO₂, Titanium Dioxide 이나 산화아연 ZnO, Zinc Oxide 을 나노 사이즈화한 나노 이산화티탄, 나노 산화아연을 사용하는 제품도 있어 논란이 되고 있다. 무기자차의 대표적인 성분인 이산화티탄과 산화아연은 유기자차 성분에 비해 피부 자극이 적어 민감한 피부나 어린이용 자외선 차단제 성분으로 많이 사용되지만 입자가 굵어 발림성이 좋지 않고 발랐을 때 하얗게 도포되는 백탁 현상이 단점으로 꼽힌다. 이러한 단점을 보완한 것이 나노 이산화티탄과 나노 산화아연이다. 나노 이산화티탄과 나노 산화아연은 빛을 반사·산란시키는 입자의 크기가 작은 만큼 산란되는 광선의 크기도 작아져 백탁 현상이 적고, 보다 조밀하게 피부를 감싸 발림성과 자외선 차단 효과 역시 뛰어나다. 하지만 나노 입자의 피부 흡수와 인체 독성에 대한 논란은 계속되고 있고, 미국 식품의약국과 유럽연합에서는 나노 징크 옥사이드나 나노 티타늄 다이옥사이드의 함량을 25%까지로 제한하고 있다. 유럽연합 내 소비자안전과학위원회 SCSS, The EU's Scientific Committee on Consumer Safety 는 최근 콜로이달 실버, 하이드록시아파타이트 등 일부 나노 물질이 화장품에 사용되는 것을 금지 또는 제한하는 조치가 포함된 수정안을 발표하기도 했다.

물론 가습기 살균제 성분의 경우와 마찬가지로, 같은 성분이라 해도 공기 흡입을 통해 인체에 유입되어 독성을 일으키는 성분이 피부 도포 시 체내에 침투되어 세포 독성을 일으킬 가능성은 매우 낮다. 나노 입자가 피부 장벽을 통과해 세포 독성을 일으킬 것이라는 우려를 불식시킬 만한 연구 결과도 나오고 있다. 2018년 호주의 퀸즈랜드대학 미카엘 로버츠 교수 연구팀이 발표한 <산화아연 나노입자 자외선 차단제의 안전성에 대한 연구>는 산화아연 나노 입자의 피부 독성 여부를 밝힌 첫 번째 연구로, 나노화된 산화아연 입자가 표피를 투과하거나 반복 사용 시에도 세포 독성 반응을 나타내지는 않는 것으로 발표하였다.

나노 물질의 안전성에 대한 논란은 여전히 진행 중이다. 물질의 입자가 작아지는 정도에 따라 그 특성과 성질이 동일한 물질의 큰 입자와 달라질 수 있다는 주장도 우려의 가능성을 더하고 있다. 그러나 이러한 주장이 모든 물질에 동일하게 해당되는 것은 아니다. 입자의 크기가 변한다 해도 물질에 따라서는 그 특성과 성질이 달라질 수도, 그렇지 않을 수도 있고 특성과 성질의 변화가 곧 안전성 문제로 이어진다고 보기도 어렵다. 따라서 각각의 물질은 사례별로 고려되어야 하며, 모든 나노 물질을 '안전하지 않은 물질'로 섣불리 치부해서는 곤란하다.

다양한 논란에도 불구하고 나노 물질은 화장품뿐만 아니라 치약, 섬유, 페인트 등의 생활용품은 물론 식품과 의약품에서도 폭넓게 사용되는 추세다. 이처럼 양날의 검으로 주목받고 있는 나노 물질, 중요한 것은 기술의 발전이 소비자 안전은 물론 지구 환경을 위협하는 방향으로 나아가는 것을 경계하는 윤리관의 전환과 책임 의식일 것이다.

# 비타민C 함량보다
# 중요한 것

　화장품 성분 중 구관이 명관이란 말이 딱 어울리는 것이 비타민C다. 과일을 많이 먹으면 피부가 고와진다는 속설이 허튼 이야기가 아닌 이유도 비타민, 특히 비타민C의 항산화 효과 덕분일 것이다. 먹을 것이 풍부한 요즘에는 비타민C 부족으로 질병에 노출될 가능성은 희박하지만, 싱싱한 과일이나 채소를 구하기 어려웠던 과거에는 비타민C 결핍으로 인한 괴혈병이나 면역 질환으로 사망에 이르는 사례까지 빈번했다고 하니 그 중요성은 비단 피부 건강에 그치는 것이 아니다.

　화장품 성분으로서의 비타민C는 피부 각질을 케어하고, 잡티의 원인이 되는 멜라닌 색소의 과도한 생성을 방지하는 효과가 탁월해 미백 기능성 화장품의 원료로 애용된다. 그 외에도 콜라겐 합성과 보호, 항산화 성분인 비타민E의 환원 등을 도와 탄력 있고 건강한 피부로 가꿔 준다. 비타민C를 안정적으로 피부에 바를 때 자외선으로 인한 홍반을 감소시키고 햇볕으로 인한 피부 손상을 개선하는 데 도움이 된다는 연구 결과도 있다.

　이처럼 많은 이점에도 불구하고 비타민C는 산화 안정성이 매우 떨어져 빛과 공기, 열에 쉽게 산화한다는 치명적인 단점이 존재한다. 제아무리 질 좋은 비타민C를 다량으로 함유한 제품이라 해도 산화되어 그 효능을 제대로 발휘하지 못한다면 바르지 않는 것만 못할 수 있다는 뜻이다.

피부 흡수율도 문제다. 비타민은 크게 지용성 비타민과 수용성 비타민으로 나뉘는데, 비타민C는 대표적인 수용성 비타민으로, 지용성 비타민에 비해 피부 흡수율이 떨어진다. 비타민C가 그나마 가장 안정적으로 흡수되는 피부 pH 농도는 약산성 상태인 pH 4~5 정도로, 피부가 산성인 상태에서 비타민C를 바르면 따끔거리는 자극만 더할 뿐 피부에 안정적으로 흡수되었다고 보기 어렵다. 대표적인 안티에이징 성분인 비타민A 레티놀 성분의 화장품과 함께 사용해도 피부 자극이 심해지고 제 효능을 발휘하지 못한다.

종합해 보자면, 비타민C 성분의 화장품은 고함량을 내세우는 제품보다 리포솜 기술과 같은 안정화 기술을 적용해 성분이 피부에 서서히 안정적으로 흡수될 수 있는 제품이 효과적이다. 구매한 제품은 빛과 공기, 열에 쉽게 노출되지 않도록 어둡고 밀폐된 곳에 보관하고, 개봉 후에는 가급적 빨리 사용하되 색상이 갈색으로 변했다면 산패된 것이니 과감히 버리도록 한다.

비타민C의 효능을 높이기 위해서는 세안 직후 피부가 약산성 상태일 때 2~3번에 걸쳐 나눠 바르고, 가볍게 두드려 충분히 흡수시킨 후 스킨과 로션, 크림 등을 차례로 발라야 한다. 아침 또는 낮 시간대에 비타민C 성분의 화장품을 발랐다면 실내에서도 자외선 차단제는 필수다.

# 비타민A의 두 얼굴

우리에게 '레티놀 Retinol'로 더 잘 알려진 비타민A는 주름 개선 기능성 화장품의 성분으로 자주 언급되는 대표적인 지용성 비타민인데, 엄격히 말하면 레티놀은 이 비타민A 유도체의 총칭인 '레티노이드'의 한 종류이다. 레티놀 외에도 레티닐 에스터, 레티날, 레티노산 등이 모두 레티노이드에 속한다. 이 중 레티노이드의 활성 물질인 레티노산은 레티노이드가 피부 세포를 만나 활성화된 형태로, 효과가 강력한 만큼 자극성도 강해 의사 처방을 통해서만 사용이 가능하다. 레티놀과 히알루론산을 결합시킨 레티날은 레티놀의 효과는 증대시키되 자극성을 줄인 형태라 할 수 있다.

레티놀과 비슷한 이름의 레티닐 팔미테이트, 레티닐 아세테이트 등은 레티놀의 안정성을 높이고 가격을 낮추기 위해 만든 레티놀 유도체인데 순수 레티놀에 비해 용량 대비 효과가 떨어지는 단점이 있다. 식품의약품안전처 고시 기준에 따르면, 주름 개선 효과를 기대하기 위해서는 레티놀은 2,500IU/g, 레티닐팔미테이트는 최소 10,000IU/g 이상의 함량이어야 한다. 참고로 레티놀 성분 화장품의 대표 주자라 할 수 있는 모 회사 레티놀 제품의 경우 함량에 따라 레티놀 0.1%, 0.2%, 0.3% 세 종류가 출시되고 있는데, 0.1%도 3,300IU/g이나 함유된 상당히 고함량의 제품이라 할 수 있다.

레티놀은 예부터 광노화 피부 질환 개선을 위한 의학적 처방에 애용되어 왔는데 특히 자외선 등 외부 환경에 자극받은 피부를 개선하고 피부 속 콜라겐의 생성을 촉진해 피부 재생 주기를 회복하는 등 주름 개선과 안티에이징에 탁월한 효과가 있는 것으로 밝혀지면서 화장품의 원료로도 많이 사용되고 있다. 건조한 피부를 촉촉하고 윤기 있게 가꿔 주고 여드름을 억제하며 멜라닌 색소 배출을 돕는 것도 레티놀의 중요한 효능이다.

물론 이처럼 장점이 많은 성분도 치명적 약점은 있다. 레티놀을 포함한 레티노이드계 성분들은 외부 환경에 의해 극도로 불안정해지는 물질로, 특히 빛과 열, 공기 접촉 시 쉽게 변질되어 피부를 자극하고 효능이 급격히 떨어진다. 레티놀 성분의 화장품을 잠자리에 들기 전 나이트 케어용으로만 사용하도록 권하는 것도 이 때문이다.

레티노이드계 성분의 또 한 가지 중요한 문제는 자극성이다. 사람에 따라 가려움이나 따가움 등의 트러블을 유발할 수 있어 본격적으로 사용하기 전 반드시 패치 테스트를 거치고, 예민한 눈가나 입가 피부는 피하는 것이 좋다. 임신부나 수유 중인 경우 또는 임신을 계획 중이라면 사용하지 않도록 한다.

**Q** 🤔 레티놀 화장품, 함량이 높을수록 효과도 좋은 것 아닐까?

**A**

　　레티노이드계 화장품 선택 시 가장 많이 하는 실수는 함량에 현혹되는 것이다. 일반적인 성분들과 달리 레티노이드계 제품은 제품의 단상자 또는 용기 뒷면의 전 성분 표시에 함량까지 표기되어 있어 고함량 제품을 쉽게 구분해 낼 수 있다. 그런데 레티놀의 효능은 사용 방법은 물론 제품의 보관 방법에 따라서도 180° 달라질 수 있다.

　　외부 환경에 불안정한 성분의 특성상 레티노이드계 제품은 구매 후 반드시 어둡고 서늘한 곳에 밀봉 보관하고, 개봉 후에는 3개월 이내로 모두 사용하도록 한다. 튜브 타입이나 스포이드 타입의 용기는 사용 직후 뚜껑을 꼭 닫아 직사광선을 피해 보관하면 되겠지만, 펌프 타입의 용기는 자칫 뚜껑을 닫지 않은 상태로 방치하기 쉬우므로 주의가 필요하다.

　　레티노이드계 성분의 화장품 사용이 처음이라면, 무조건 고함량 제품을 사용하기보다 저함량의 제품을 소량으로 사용해 하루·이틀 피부 상태를 자세히 살펴본 후 사용량을 조금씩 늘려 나갈 것을 추천한다. 시중에 판매되는 제품들은 대부분 안전 테스트를 거쳐 출시된 것이지만 피부 상태에 따라 발진이나 부종, 작열감, 각질 등의 부작용이 발생할 수 있으며 함량이 높을수록 부작용의 가능성은 커진다. 사용 초기에는 매일 바르기보다 며칠 간격을 두고 발라 피부 상태를 체크한 후 조금씩 양을 늘려가고 사용 간격도 좁히도록 한다. 만약 저함량 제품을 사용했는데도 부작용이 발생한다면 사용을 잠시 중단하고 손상된 피부를 회복하는 데 집중할 것을 권한다.

**Q** 🤔 임신부, 수유 중인 여성이 발라도 괜찮을까?

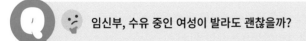

**A**

　　임신부가 레티놀을 발랐을 때 직접적으로 부작용이 나타난 사례는 없으나 임신부 또는 수유 중인 여성이 불안감을 안고 사용하는 것은 추천하지 않는다. 해가 되거나 부작용이 있을지도 모른다는 생각을 하는 것만으로도 충분히 유해한 영향을 미칠 수 있기 때문이다.

**Q** 레티놀 제품 사용 중 피부가 따끔거리고 각질이 올라온다면?

**A** 레티놀 제품 사용 중 피부가 붉어지거나 가벼움, 따끔거림 등이 발생한다면 제품의 사용을 중단하고 피부 상태가 호전될 때까지 자세히 살피도록 한다. 간혹 레티노이드계 제품 사용으로 각질 등이 발생하는 경우가 있는데, 이럴 때는 보습 제품을 충분히 발라 피부가 정상적으로 회복될 때까지 기다리는 것이 좋다.

최악의 방법은 알파 하이드록시산 AHA, Alpha Hydroxy Acid 이나 베타 하이드록시산 BHA, Beta Hydroxy Acid 성분의 제품 또는 스크럽 등으로 각질을 인위적으로 제거해 자극을 더하는 것이다. 그 외 피부를 건조하게 하는 살리실산이나 자극을 더할 수 있는 고함량 비타민 제품, 또 다른 레티놀 제품도 레티노이드계 제품과는 함께 사용하지 않는 것이 좋다.

LED 마스크나 고주파 기기를 함께 사용하는 것도 위험할 수 있다. 레티노이드계 제품 사용 중 뷰티 디바이스 제품을 사용하고자 한다면, 레티노이드계 제품의 사용을 중단하고 2~3일 정도 피부를 진정시킨 후 기기를 사용하도록 한다.

**Q** 레티놀 제품의 올바른 사용법은?

**A** 사용 순서도 중요하다. 레티놀은 보습 제품과 함께 사용할 때 효과가 높아지므로 세안 후 스킨과 로션을 충분히 바른 다음 크림을 사용하기 전에 바르는 것이 좋다.

단, 레티노이드를 함유한 화장품을 바른 다음 날 아침에는 반드시 세안을 해 씻어 내고 자외선 차단제를 바르도록 한다. 레티놀을 바른 채 햇볕에 노출될 경우 레티노산이 비활성화되어 피부를 약하게 만들고 오히려 기미나 주근깨를 유발할 수 있다.

# 민간단체가 정한 '그린 등급'은
# 믿을 수 있을까?

가습기 살균제 사건은 생활용품 전반의 유해성 논란을 촉발하는 계기가 되었다. 화장품도 예외가 아니었다. 무심코 사용하던 화장품의 전 성분 표시를 유심히 살펴보는 소비자가 많아지면서 화장품 성분에 대한 오해와 진실 공방이 뜨거워졌다. 모든 화학 물질을 '나쁜 것'으로 단정 짓고 거부하는 비현실적인 '케미포비아'도 생겨났다.

우리나라는 2008년 10월부터 화장품 제조 시 사용된 모든 성분을 제품의 1차 또는 2차 포장에 표기하도록 하는 '화장품 전 성분 표시제'를 시행하고 있다. 이에 따라 50ml 이하의 소용량 제품을 제외한 모든 화장품에 대해 전 성분을 함유량 순서대로 기재하도록 하고 있다. 단, 1% 이하로 사용된 성분, 착향제와 착색제는 순서와 상관없이 기재할 수 있다.

문제는 하나의 화장품에 사용된 원료의 수만도 적게는 20여 가지, 많게는 50여 가지를 초과할 정도로 많고 그 명칭도 대부분 생소하기 짝이 없다는 점이다. 우리가 하루에 사용하는 화장품의 개수를 생각하면 그 전 성분의 숫자는 몇 곱절로 많아진다. 난생처음 접하는 수십, 수백 가지의 화학 성분명을 일일이 들여다보고 그 유해성을 파악할 수 있는 소비자가 몇이나 될까를 생각해 보면 화장품 성분 관련 앱이 왜 폭발적인 인기를 끌게 되었는지 이해가 되고도 남는다.

지금은 거대한 화장품 유통 앱으로 성장한 한 화장품 성분 앱 역시 그 출발은 '전 성분 읽어 주는 앱'이었다. 스마트폰의 보급과 화학 성분에 대한 불안이 탄생시킨 전 성분 앱은 현재 우리나라에서 화장품 성분의 유해성 여부를 판가름하는 대중적 기준으로 통용되는 화장품 성분 등급제를 정착시키기도 하였다. 출범 초기 화장품 성분 각각의 유해성을 판단하는 기준으로 삼은 해당 기준은 해외의 한 비영리 환경 단체가 제시한 원료 안전성 및 위험도 등급으로, 총 10개의 등급 중 숫자가 작을수록 안전하고, 숫자가 클수록 위험하다고 판단하는 방식을 채택하고 있다.

문제는 이 비영리 단체의 전문성과 합리성이다. 해당 단체는 위험 등급을 평가하는 요소로 암 유발, 내분비계 교란, 신경독성, 알레르기·면역 질환 유발, 돌연변이, 사용 제한 등을 제시하고 있지만 정작 가장 중요한 화장품의 사용 범위, 즉 '피부에 바르거나 뿌렸을 때'의 인체 반응을 무시하는 오류를 범하고 있다. 전 세계 많은 전문가가 이 단체가 제시한 화장품 위해성 등급 판정 기준에 대해 부정적인 의견을 제시하는 이유다. 실제로 미국의 듀크대 조 드레일로스 교수는 2010년 해당 단체가 발표한 보고서에 대해 "오랜 옛날에나 통용되던 기술로 불공정하고 광범위한 일반화를 하고 있다"라고 신랄하게 비판하기도 하였다.

이처럼 어떠한 임상 결과도 없이 자의적으로 세운 비전문가들의 안전성과 위험성 판별 기준을 우리는 어디까지 믿어야 할까? 지난 2020년 식품의약품안전평가원에서 개최한 '화장품 위해평가 심포지엄'의 '화장품 불량 정보와 케미포비아' 주제 발표에서 한 화장품 비평가는 화장품에 대한 불량 정보가 생성-확산되는 과정에 대해 "비과학성이 분명한 정보와 사실이 아닌 정보를 바탕으로 화장품 성분 안전성을 의심케 하는 정보를 생산하고, 이것이 천연 화장품을 표방하는 기업의 마케팅 수법에 의해 확대·재생산되며, 일부 환경·시민단체와 전문가의 세력 확장 도구로 사용되고 있다"라고 지적했다. 그리고 그 불량 정보의 양산자로 가장 먼저 꼽은 것이 전문성이 결여된 화장품 성분 앱, 그리고 전공 지식이 없는 전문가, 일부 기업의 공포 마케팅, 80만여 명의 유튜버, 일부 환경단체 등이었다.

이들이 화장품법의 성분 안전기준을 부정하고, 과학적인 근거나 신뢰성 없는 안전 기준을 사용해 왜곡된 정보를 전달함으로써 소비자 혼란과 공포를 가중시키는 무책임한 행보를 이어나가는 이유는 자명하다. 잘못된 정보로 소비자 불안을 양산하고 이익을 취하는 공포 마케팅의 폐해를 언제까지 당하고만 있을 수는 없지 않은가!

# 바르기만 해도 살이 빠진다고요?

　결론부터 말하자면, 바르기만 해도 살이 빠진다거나 가슴이 커지는 화장품은 없다. 지금도 넘쳐 나는 살 빠지는 크림이나 가슴이 커지는 로션에 대한 블로그 리뷰는 그야말로 허황한 바람을 경험담처럼 늘어놓은 이야기라 보아도 좋을 것이다. 제품을 피부에 발라 살이 빠지거나 신체의 일부가 변형될 정도가 되려면 해당 제품이 주장하는 신비의 기능성 원료가 최소 피하지방까지는 도달해야 하는데, 이는 현실적으로 불가능하기 때문이다.

　무엇보다, 살이 빠지거나 가슴이 커지는 정도의 신체 변화를 가져다주는 것은 '화장품'의 범주가 아니다. 화장품법에서는 화장품을 '신체에 대한 작용이 경미한 것'으로 한정하고 있다. 바르기만 했는데 살이 빠지거나 가슴이 커지는 것은 신체에 경미한 변화가 아닌 대대적인 변화가 일어나는 것이고, 이는 화장품이 아닌 의약품의 영역이라는 뜻이다. 하지만 이들 제품 중 어느 것도 의약품으로서의 조건을 갖춘 것은 없다.

　만약 제품을 피부에 바르고 장기간에 걸쳐 꾸준히 마사지를 한 결과 미세하게나마 체형의 변화를 감지하였다면 그것은 마사지로 뭉친 근육을 풀어주고 림프 순환을 도왔기 때문이지 제품에 함유된 특정 성분 때문이 아니다. 그래도 미련을 떨쳐버리기 어렵다면 지금 당장 운동부터 시작해 보자. 땀 흘린 후 샤워하고 일반 보디 크림으로 열심히 마사지하는 것이 훨씬 드라마틱한 변화를 가져다줄 것이다.

## MINI INFO  피하지방, 없을수록 좋은 걸까?

과도한 피하지방은 비만의 문제로까지 발전할 수 있지만, 기본적으로 피하지방은 포유류의 생명 유지에 없어서는 안 될 중요한 역할을 담당한다. 피하지방은 주로 지방 세포로 구성되는데, 체온을 유지하고 활동에 필요한 에너지와 영양분을 저장하며 지방 합성에도 관여한다. 충격 흡수를 통해 뼈와 장기 등을 보호하는 것도 피하지방의 임무다.

피부와 피하지방의 두께는 나이, 성별, 부위에 따라 차이가 있는데 피부의 경우는 통상적으로 남성이 여성보다 두껍지만 그 아래 자리한 피하지방층은 여성이 더 두껍고, 성인보다는 소아에 더 발달되어 있다. 부위별로는 아랫배, 볼기, 팔다리 등에 많이 축적되고 귓바퀴에는 피하지방이 전혀 없다. 특히 중년의 나이에 접어들면 허리 부위를 중심으로 피하지방이 늘어난다. 영양 섭취가 지나치면 나이나 성별과 관계없이 지방이 축적되어 비만으로 진행될 수 있으며, 지방층의 두께에 따라 체형이 결정되기도 한다.

생활 환경에 따라서도 두께가 달라질 수 있다. 기후가 추운 북쪽 지역의 사람들은 따뜻한 지역에 거주하는 이들에 비해 체온 유지와 활동을 위해 훨씬 많은 에너지원을 필요로 하기 때문에 지방 축적이 더 많이 일어나는 편이다.

# 여성 청결제를 매일 사용했는데
# 질염에 걸렸다

여성의 감기라 불릴 정도로 흔하게 찾아오는 질염, 매일 여성 청결제로 열심히 관리하면 괜찮은 걸까? 우선, 청결하지 않아 질염에 걸린다는 건 잘못된 생각이다. 여성의 생식기 부위를 뜻하는 Y존을 청결히 관리해야 하는 것은 맞지만, 건강한 여성의 질은 pH 4.5~5.5 정도의 약산성 상태로, 스스로 자정 작용을 통해 정상 상태를 유지하므로 물로만 깨끗이 헹궈 내도 충분하다. 비누나 보디워시 등 알칼리성 물질이 유입되면 질 내 pH 밸런스가 무너져 세균이 번식하기 쉬운 환경으로 변할 수 있으므로 오히려 사용에 주의해야 한다. 외음부 세정제가 약산성 상태로 출시되는 이유다.

질염은 스트레스, 계절이나 환경 변화에 따른 면역력 저하 등으로 질 내 pH 밸런스가 무너져 생기는 질환이다. 감기와 질염 모두 겨울철에 더 잘 걸리는 이유도 체온이 낮아지면서 면역력이 함께 저하되기 때문인데, 여름과 달리 꽉 끼는 옷을 겹겹이 입을 수밖에 없어 통풍이 잘되지 않는 것도 겨울철 잦은 질염의 원인일 수 있다. 생리 기간에는 약알칼리성인 생리혈의 영향을 받아 질염에 노출되기도 한다. pH에 대한 더 자세한 설명은 p.153에서 확인할 수 있다.

질염이 발생할 때마다 흔히 저지르기 쉬운 실수가 잘못된 여성 청결제의 사용이다.

여성 청결제는 질 세정제 또는 외음부 세정제로도 불리는데, 언뜻 비슷해 보여도 이 둘은 전혀 다른 제품이다. 우선 질 세정제 또는 질 세정기는 질 내부의 관리와 치료·경감·처치를 목적으로 사용하는 의약품 또는 의료 기기를 뜻한다. 반면 외음부 세정제는 외음부의 세정을 목적으로 하는 화장품이다. 사용 부위도 다르지만 질 세정제나 질 세정기가 식품의약품안전처의 심사를 통해 품질과 안전성, 유효성 등을 심사받아 시중에 유통·판매되는 것에 반해 화장품인 외음부 세정제는 식품의약품안전처의 심사 대상에서도 제외된다.

문제는 시중에 질 세정제 또는 질 세정기와 비슷한 형태와 모양의 외음부 세정제가 판매되어 소비자 혼란을 가중한다는 데 있다. 질 세정기는 노즐이 있는 튜브형의 질 세정 기구로, 세정액을 주입하기 쉬운 병 또는 자루 모양으로 되어 있는 것이 일반적이다. 검증된 의약품이 아닌 외음부 세정제를 질 세정용으로 사용하였을 때 부작용이나 질 내부 오염 등이 발생할 가능성이 있음은 물론이다.

식품의약품안전처의 검증을 받은 제품이라 해도 별다른 질환이 없는 건강한 상태에서 사용하는 것은 금물이다. 질 내 유익균에 악영향을 미치는 것은 물론 질 내 산도를 방해할 수 있기 때문이다.

생리 등으로 냄새와 청결이 신경 쓰이는 상황이라면 외음부 세정제를 사용하는 것만으로 충분하지만, 외음부 세정제는 반드시 질 내부가 아닌 외음부에만 적용해야 하며 세정 후 잘 헹궈 내는 것이 중요하다. 일부 외음부 세정제 회사들의 주장과는 달리 외음부 세정만으로 질의 산도에 영향을 미치는 것은 아니지만, 외음부의 피부 흡수율은 일반 피부 부위에 비해 월등히 높아 세정 성분이 남아 있을 경우 화학 성분의 인체 유입 등이 우려되기 때문이다. 2004년 10월 미국의 P&G 여성 청결제 연구개발부 연구원 미란다 파라지와 UC샌프란시스코 의대 피부과 호워드 마이바치 교수가 발표한 〈여성 외음부 피부의 구조와 흡수율〉에 관한 연구에 따르면, 외음부 바깥쪽 피부의 흡수율은 팔뚝 부위의 피부보다 6배나 높다. 전문가들은 외음부 안쪽은 바깥쪽의 각화성 상피와 달리 점막으로 이뤄져 있어 이보다 흡수율이 더 높다고 설명한다.

# 활성산소를 억제하는 화장품

염증과 만성 질환, 노화의 원인으로 지목되는 활성산소 ROS, Reactive oxygen species 는 사실 호흡을 통해 에너지를 생성하는 과정에서 자연스럽게 발생하는 세포 활동의 부산물로, 생명의 항상성 유지뿐만 아니라 세포 신호 전달, 면역력 강화, 근육 재생 등 우리 몸의 다양한 활동에 관여한다. 우리 몸이 정상적인 상태일 때는 자연스럽게 생성되었다 제거되지만, 스트레스나 과도한 운동, 자외선, 흡연, 튀긴 음식, 질병 등에 노출되어 활성산소의 생성이 과도하게 늘어나면 우리 몸 구석구석을 멋대로 돌아다니며 세포에 손상을 입히는 괴팍한 성격으로 돌변하게 된다. 활성산소를 프리 래디컬이라 부르는 이유다.

화장품 업계 역시 오랜 시간 노화의 주범으로 불리는 활성산소 연구에 골몰해 왔다. 활성산소의 생성을 억제하는 항산화 물질인 비타민A·C·E를 비롯해 코엔자임Q10이나 폴리페놀, 안토시아닌 등의 성분이 화장품 속 유효 성분으로 애용되는 것 역시 무관하지 않다. 그런데 문제는 이들 성분이 실제로 제 역할을 하려면 피부를 뚫고 체내로 들어가 구석구석에 있는 활성산소의 생성 지점까지 도달할 수 있어야 한다는 데 있다. 기껏해야 진피 입구까지도 도달하기 어려운 화장품 성분들이 과연 이 역할을 얼마나 충실히 해낼 수 있을까.

# 품절 대란 마이크로니들 화장품, 참는 것이 능사일까?

요즘 없어서 못 산다는 마이크로니들 미세침 화장품은 생활용품 전문점의 오픈런 현상까지 일으키며 화제를 모은 히트 상품이다. 화장품의 유효 성분의 흡수를 높이는 마이크로니들 테라피 시스템MTS 의 대안으로 출시된 마이크로니들 화장품은 스테인리스 롤러나 패치 형태로 출시되었던 니들 제품의 업그레이드 형으로, 화장품의 제형 안에 들어 있는 스피큘이나 실리카 같은 미세침이 피부에 미세하게 구멍을 내어 히알루론산이나 콜라겐, 비타민C, 마데카소사이드 등의 유효 성분을 피부 깊숙이 침투시키는 원리다.

마이크로니들 화장품이 큰 성공을 거둔 배경에는 매번 피부과를 찾아야 하는 MTS 시술의 번거로움을 피하고, 스테인리스 롤러 사용 시 발생하는 깊은 상처와 통증도 최소화할 수 있는 장점과 더불어 패치 제품에 비해 저렴한 가격이 주효했다. 제조사와 유통 경로에 따라 다르지만, 생활용품 전문점에서 판매되는 제품의 경우 기존 3만 원대에 판매되던 마이크로니들 제품을 10분의 1 가격인 3,000원에 판매하는 획기적인 가격 정책이 인기몰이에 크게 한몫했다. 기존 화장품처럼 얼굴 전체에 가볍게 바르면 되는 사용법도 생소한 제품에 대한 부담감을 줄여 주었다.

실제로 마이크로니들 화장품을 사용해 본 사람들의 증언에 따르면 처음 사용했을 때의 반응은 '이게 맞나?' 싶을 정도로 자극적이다. 건강한 피부를 가진 사람들도 참기 어려운 고통과 화끈거림, 붉은 기를 경험했다는 후기가 상당하다. 시판되는 마이크로니들 화장품에 사용되는 미세침은 생체 내에서 분해되는 고분자 소재를 활용하거나 표피에 머물러 있다 피부 턴오버 주기에 따라 각질과 함께 자연스럽게 떨어져 나간다는 것이 화장품 회사들의 설명이지만, 미세침이 피부에 머무르는 동안, 그리고 생채기가 생긴 피부가 회복되는 동안에 겪는 고통은 화장품의 범주를 한참 벗어난 수준이다.

일시적인 현상이긴 하지만 이런 상태에서 제품을 반복해서 사용하는 것은 상당히 위험하다. 통증과 발적 등의 증상이 있다면 반드시 사용을 중단하고 피부가 가라앉을 때까지 기다리며 상태를 확인해야 한다. 증상이 계속된다면 참지 말고 피부과 전문의를 찾아 진단을 받는 것이 바람직하다.

피부가 유난히 건조하고 민감한 사람도 사용을 피하는 것이 좋다. 피부에 미세한 상처를 내고 회복시키기를 반복하는 제품의 메커니즘 특성상 건조한 피부에는 더 큰 상처를 남길 수 있고, 피부 민감도도 높아질 수 있기 때문이다.

제품에 대한 식품의약품안전처의 감시 레이더도 강화되고 있다. 식품의약품안전처는 "피부에 바늘, 침 등을 이용한 침습적인 방법으로 유효 성분을 전달하는 제품은 화장품에 해당하지 않는다"라고 선을 긋고, 대한화장품협회에 공문을 보내 "마이크로니들 제품에 대한 표시·광고에 대한 감시를 더욱 강화하고, 위반 업체에 대해 행정 처분 또는 고발 조치할 계획"임을 분명히 했다. 마이크로니들 제품처럼 화장품의 범위를 벗어난 제품을 화장품인 양 표시·광고하는 것을 '부당 표시·광고'로 해석한 것이다. 더욱이 부작용 등 안전성 문제가 지속적으로 제기되는 상황에서 의료 기기, 의약품에 해당하는 사용법을 제시하거나 그에 준하는 효능·효과를 표방하는 것 역시 허위·과대 광고에 해당한다는 지적이다. 식품의약품안전처의 이 같은 판단은 충분히 검증되지 않은 채 시판되고 있는 신개념 화장품에 대한 우려를 반영하는 것이다.

# 발효 화장품 속 미생물은
# 괜찮은 걸까?

    발효는 자연의 산물로부터 유용한 성분을 얻기 위해 미생물을 이용하던 전통의 방식으로, 오늘날 식품은 물론 화장품 분야에서도 많은 관심을 받고 있다. 발효가 현대 사회에서 새롭게 조명되는 이유는 합성이나 추출 등 원재료에서 유용한 성분을 얻기 위해 주로 사용하는 기존의 방법으로는 얻기 어려운 다양한 유효 성분을 획득할 수 있기 때문이다. 물론 원재료가 가진 성질과 효능, 발효의 방법에 따라 얻을 수 있는 유효 성분의 성질과 효능이 천차만별로 달라질 수 있기에 발효 자체뿐만 아니라 발효의 과정에서 어떤 유용한 성분을 얻을 수 있는가가 중요하다 할 것이다.

    발효 화장품이 주목받는 또 한 가지 이유는 발효의 과정에서 유효 성분이 고분자 물질에서 저분자 물질로 분해되어 피부 침투가 용이하며, 유해 물질이 분해되어 새로운 유효 성분이 생성될 수 있기 때문이다. 같은 원재료에서 얻은 원료라 해도 발효의 과정을 거치면 피부에 더 순하고 안전하며 유용한 형태의 성분으로 변하게 된다는 뜻이다.

    그렇다면 발효 과정에 사용되는 미생물은 우리 피부에 괜찮은 걸까? 결론부터 말하자면 발효 화장품은 발효 미생물이 아닌 발효 과정에서 얻어진 유효 성분을 사용하는 것이므로 염려할 필요가 없다. 발효 화장품에 사용되는 유효 성분 대부분은 발효 후 추출의 과정을 거쳐 정제된 상태이며, 설령 추출의 과정을 거치지 않고 그대로 사용한다 해도 화장품 제조 과정에서 살균 및 여과 등의 과정을 거쳐 사멸되거나 더 이상 발육하지 못하는 상태가 된다. 화장품법상 화장품에 미생물이 그대로 존재한다면 유통이 불가하다는 점도 알아두자.

# 화장품 원료의 종류와 특성

### • 화장품 원료의 종류

화장품은 사용 목적과 형태에 따라 그 종류가 셀 수 없이 많으며 사용되는 원료의 종류 또한 수없이 많다. 미국 화장품협회가 발간하는 국제 화장품 원료집인 ICID에 등재된 화장품 원료의 수만도 약 2만 5,000여 종에 이르며, 이는 2년마다 개정 작업을 거쳐 업데이트되고 있다. 하나의 화장품을 완성하기 위해서는 통상적으로 20~50여 종의 원료가 사용되며, 구성 성분의 특성과 배합률에 따라 다양한 종류의 화장품이 만들어진다.

화장품은 피부에 뿌리거나 문지르는 등 인체에 직접 적용하는 제품이기에 안전성이 확보된 원료를 사용하여야 하므로 그 종류와 함량 등을 법으로 까다롭게 규정하고 있다.

### - 원료의 출처에 따른 구분

원료의 출처에 따라 화장품의 원료는 크게 천연물을 가공하거나 분리하여 얻는 것과 인위적인 합성을 통하여 얻는 것 두 가지로 나눌 수 있다. 근래에는 바이오 생산물 등 새로운 시도를 통해 다양한 화장품 원료가 개발되어 화장품 품질 향상과 다양화에 기여하고 있다.

### - 원료의 성질과 용도에 따른 구분

원료의 성질과 용도에 따라서는 수성 원료와 유성 원료, 계면활성제, 색재 등으로도 분류할 수 있다. 물리적으로 볼 때 화장품은 수성 원료와 유성 원료를 계면활성제를 이용하여 적절히 혼합하고 유효 성분과 색재 등을 첨가함으로써 사용 목적에 맞는 제품을 개발하여 상품화한 것이다.

**수성 원료**　물에 녹는 성질을 가진 원료

**유성 원료**　기름에 녹는 성질을 가진 원료

**계면활성제**　화장품 제조를 위해 수성 원료와 유성 원료를 적절히 섞을 때 사용

**고분자 화합물**　분자량이 높은 물질로, 보습·탄력과 같은 특정 기능을 부여하거나 점성을 높이는 용도, 사용감 개선, 피막 형성 등을 목적으로 한다.

**비타민**　인체 내에서 합성되지 못하고 외부로부터 흡수되어 보습, 탄력 등에 기여한다.

**기능성 원료**　미백, 주름 개선, 자외선으로부터 피부 보호, 피부를 곱게 태움, 모발의 색상 변화, 탈모 증상 완화, 여드름성 피부 완화, 피부 장벽 강화, 튼살 완화 등에 도움을 주는 원료. 우리나라 화장품법에서는 기능성 화장품 원료의 기준과 시험 방법 등에 대해 구체적으로 규정하고 있다.

**색재**　화장품에 색을 부여하는 원료

**향료**　풍부한 향을 통해 화장품의 매력을 끌어내거나 원료가 가진 특유의 향취를 마스킹한다.

| 수성 원료 | | | 정제수, 에탄올, 글리세린 | |
|---|---|---|---|---|
| 유성 원료 | 액상 | 식물성 오일 | 동백유, 올리브유 | 자연계 |
| | | 동물성 오일 | 밍크오일, 난황오일 | 자연계 |
| | | 광물성 오일 | 유동파라핀, 바세린 | 자연계 |
| | | 실리콘 | 디메틸폴리실록산 | 합성계 |
| | | 에스테르류 | 미리스틴산 이소프로필 | 합성계 |
| | | 탄화수소류 | 석유, 스쿠알란 | 합성계 |
| | 고형 | 왁스 | 카르나우바, 칸델리라, 밀납 | 자연계 |
| | | 고급지방산 | 라우린산, 스테아린산 | 합성계 |
| | | 고급알코올 | 세틸알코올, 스테아릴알코올 | 합성계 |
| 계면활성제 | | | 음이온, 양이온, 양성, 비이온성, 천연 | |
| 고분자 화합물 | | | 카르복시메틸 셀룰로오스 나트륨, 폴리비닐알코올 | |
| 비타민 | | | 레티놀, 아스콜빈산인산 에스테르, 토코페릴 아세테이트 | |
| 기능성 원료 | | | 알부틴, 유용성 감초 추출물, 레티놀 | |
| 색재 | 염료 | | 황색 5호, 적색 505호 | |
| | 레이크 | | 적색 201호, 적색 204호 | |
| | 안료 | 유기 안료 | 법정 타르 색소류, 천연 색소류 | |
| | | 무기 안료 | 체질안료, 착색안료, 백색안료 | |
| | | 진주광택 안료 | 옥시염화비스머스 | |
| | | 고분자 안료 | 폴리에틸렌 파우더, 나일론 파우더 | |
| | 천연색소 | | 베타-카로틴, 카르사민 | |
| 향료 | | 동물성 | 무스크, 시베트, 카스토리움 | |
| | | 식물성 | 재스민, 라벤더, 로즈메리 | |
| | | 합성 | 멘톨, 벤질아세테이트 | |
| 기타 | | | 방부제, 금속이온 봉쇄제 등 | |

## • 화장품 원료의 특성

예부터 화장품 성분으로 가장 널리 사용되어 온 것은 천연물이다. 오늘날에도 천연물 그 자체 또는 정제·가공된 형태의 천연물이 화장품 원료로 애용되고 있으나 종류에 따라서는 뛰어난 유효성에도 불구하고 화장품의 성분으로 사용하기 어려운 특성을 지닌 것들도 많다. 따라서 최근에는 바이오테크놀로지, 복합화 기술, 나노테크놀로지 등의 첨단 기술을 적용해 원료의 단점을 제거하고 유효성을 극대화하는 방향으로 나아가고 있다.

화장품 원료의 필요조건은 아래와 같다.

① 안전성이 높을 것

② 경시 안정성이 우수할 것

③ 사용 목적에 알맞은 기능, 유용성을 지닐 것

④ 성분이 시간이 흐르면서 냄새가 나거나 착색되지 않을 것, 맛이 나지 않을 것

⑤ 성분에 관한 법 규제 화장품 기준 등 를 조사할 것

⑥ 환경에 문제가 되지 않는 성분일 것

⑦ 안정적인 성분 공급이 가능할 것

⑧ 기타, 사용량에도 좌우되나 가격이 적정할 것

# PART 3

# 화장품이 잘못이라면

읽어는 봤니? 화장품 설명서

참 이상하다. 화장품 성분에는 이렇게나 민감하면서 화장품 용기나 포장재 또는 내장되어 있는 상세 설명서를 꼼꼼히 읽어 보았다는 사람들은 어째서 만나기 어려운 걸까? 식품의약품안전처가 화장품 사용 시 설명서를 읽어 보는지 여부에 대한 소비자 설문조사를 실시한 지 10여 년이 훌쩍 지났지만, 그때나 지금이나 사용 전 설명서를 읽어 보는 사람들은 그리 많지 않은 듯하다. 설명서를 읽지 않는 이유에 대해 당시 응답자들은 '너무 어렵고 복잡해서'라고 답했는데, 지금까지도 이 부분은 그다지 개선되지 못한 듯하다. 작은 글씨로 깨알같이 적힌 문구를 읽어 내려가기가 쉬운 일도 아닐뿐더러 늘 쓰던 대로 쓴다고 큰 일이 벌어지는 건 더더욱 아니기 때문이다.

화장품 전 성분에 관한 관심이 높아지면서 성분을 해설해 주는 앱까지 등장해 초유의 히트를 친 형편이긴 하지만, 화장품은 다양한 성분이 저마다의 방식으로 배합된 혼합물이어서 성분 하나하나만을 놓고 효능 또는 위해성을 논하기는 어렵다. 오히려 적절한 사용법과 적용 범위, 주의 사항 등을 미리 알아두는 것이 제품의 효능을 십분 활용하고, 불필요한 부작용을 피할 수 있는 방법이다.

화장품 설명서에는 성분이나 용량 등 화장품에 관한 기본 정보 외에도 용법과 용량, 적용 범위, 사용 기한, 사용 시 주의 사항 등 다양한 정보가 들어 있으니 귀찮더라도 화장품을 새로 구매했다면 한 번쯤 들여다보는 여유를 가져 보자.

# 알쏭달쏭 외래어 제품명에
# 숨은 힌트 찾기

요즘은 그나마 조금 나아진 추세지만 수입 화장품이 범람하던 1990년대와 2000년대 초반에는 아무리 뒤집어 봐도 무엇에 쓰는 물건인지 도통 알 수 없는 제품들이 태반이었다. 해외에서 수입한 화장품이야 그렇다 쳐도 국내에서 생산한 토종 제품들마저 브랜드명과 제품명은 물론 제품의 종류, 사용법 등에 외래어를 남발해야 잘 팔리던 시절이었다.

그렇다면 현행 화장품법 제12조 기재·표시상의 주의 에서 제10조 화장품의 기재 사항 및 제11조 화장품의 가격 표시 에 따른 기재·표시를 "다른 문자 또는 문장보다 쉽게 볼 수 있는 곳에 하여야 하며, 총리령으로 정하는 바에 따라 읽기 쉽고 이해하기 쉬운 한글로 정확히 기재·표시해야 하되, 한자 또는 외국어를 함께 기재할 수 있다"라고 명시하고 있는 오늘날의 상황은 어떠할까. 과거에 비해 많이 줄어들었다고는 하나 여전히 외래어에 기댄 제품명의 비중이 월등히 높은 상황임을 부정하기 어렵다. 외래어의 경우 외래어 표기법대로 한글 표기하는 것은 위법 사항이 아니기에 소비자들은 여전히 화장품 제품명에 담긴 뜻을 쉽사리 알아채기 어렵다.

화장품 회사들의 변명은 다양하다. 성분명 자체가 외래어로 된 것이 많다 보니 어쩔 수 없는 선택이라던가, 국내 화장품 브랜드 대부분이 해외 진출을 염두에 두고 출시되는 것이다 보니 외래어를 사용하는 편이 자연스럽다 등등 한편으로는 불편한 소비자들의 입장만 내세우기 어려운 부분도 분명 존재한다. 일면에는 화장품 표시 광고 규정으로 인해 한글 표기가 어려운 표현을 우회적으로 하기 위한 방편으로 외래어가 사용되는 경우도 종종 있다.

안타까운 점은 화장품의 제품명에 생각보다 많은 정보가 숨어 있음에도 그 뜻을 일일이 헤아리기 어려워 필요한 적재의 제품을 구매, 사용하지 못하는 경우가 종종 발생한다는 사실이다. 제품에 사용되고 있는 모든 외래어 표기를 정리하긴 어렵지만 화장품의 제품명으로 자주 사용되는 용어 몇 가지를 추려 정리해 보았다.

**글로우** Glow 부드럽게 빛나는 피부 표현이 가능한 제품에 사용되는 단어다.

**데미지** Damage 우리나라 화장품법상 '손상', '손상된 부위의 회복' 등의 표현은 금지되어 있지만, 데미지 케어라는 표현은 허용된다. 손상된 머릿결을 집중 관리하는 제품에 '데미지 케어'라는 표현이 자주 사용되는 이유다.

**라커** Lacquer 외래어 표기법상으로는 '래커'이다. 수지나 가소제, 안료, 용제를 첨가한 셀룰로오스 유도체를 뜻하며, 주로 니트로셀룰로오스를 기재로 사용한다. 건조가 빠르고 내수성, 내마모성, 내약품성 등이 뛰어나다. 에나멜 래커는 광택 또한 우수하다. 립 래커는 지속성이 우수한 립 메이크업 제품을 뜻하며, 네일 래커는 에나멜 래커로도 표현되는 경우가 많은데 에나멜처럼 광택이 뛰어난 제품임을 뜻한다.

**리커버리** Recovery '회복'을 뜻하는 말로 이 또한 화장품법에서는 금지된 표현이어서 외래어로 대체한 사례다. 피부 재생과 관련된 제품명으로 주로 사용된다.

**리페어** Repair '수리', '보수', '재생'을 뜻하는 말로 안티에이징 케어 제품 특히 나이트 케어 제품명으로 자주 사용된다. 데미지 케어와 마찬가지로 '재생'이라는 표현을 사용할 수 없어 리페어라는 표현을 사용하기도 한다.

**매트** Mat 광택 없는 제형을 뜻한다.

**멜팅** Melting 단어 뜻 그대로 피부에 바르면 부드럽게 '녹아드는' 제형을 가리킨다.

**모이스처** Moisture '수분', '보습'을 뜻하는 말로 피부를 촉촉하게 가꿔 주는 제품에 주로 사용된다.

**블레미쉬** Blemish '흉터', '흠집'을 뜻하는 말로 '블레미쉬 밤' 일명 '비비크림'은 흉터와 잡티, 홍조 등을 가리는 데 목적을 둔 제품이다. 약간의 스킨케어 효과까지 기대할 수 있어 과거 파운데이션 대용으로도 많이 사용되었다.

**비비드** vivid 선명하고 강렬한 색감을 표현한 단어로, 색조 제품에 주로 사용된다.

**쉬머** Shimmer 영어로 '은은하게 빛나는', '희미한 빛'을 뜻하며, 섀도우나 립스틱에 은은한 펄감이 가미된 제품에 주로 사용된다.

**인텐시브** Intensive '집중 케어'를 뜻하는 말로 단기간에 고효율의 효과를 보이는 마스크 팩, 앰플, 기능성 제품 등에 자주 사용된다.

**컨센트레이트** Concentrate '집중', '농축'을 의미하는 컨센트레이트는 에센스나 세럼, 앰플 등 고기능성 성분을 농축 함유한 제품명에 자주 사용된다.

**코렉터** Corrector '교정자', '검열자', '중화자'를 뜻하는 코렉터는 색조화장품에서 피부 결점이나 잡티 등을 가리는 컨실러나 피부톤 보정 효과가 있는 제품의 명칭으로 많이 사용된다.

**클리닉** Clinic 영어에서 클리닉은 전문 병원을 뜻하지만 화장품을 통해 의약품과 같은 효과를 얻었다는 의미로 받아들이면 곤란하다. 화장품 표시 광고 규정에 따라 화장품에서는 '치료', '재생', '손상된 부위' 등의 표현을 시용할 수 없으므로 손상된 부위를 집중 케어하는 제품임을 애둘러 표현한 말 정도로 이해하는 것이 좋다.

**테라피** Therapie, Therapy 우리나라 말로 '치료'와 '치유'는 엄연히 그 의미가 다르다. '치료'는 의학적 처치를 포함하는 말로 화장품 관련 용어로는 표현이 엄격히 제한되지만, 병을 다스려 낫게 한다는 '치유'는 자연의 섭리를 포함하는 의미로 사용되는 경우가 많기 때문이다. 테라피를 우리말로 번역하면 치료와 치유 두 가지 모두로 해석될 수 있지만, 화장품의 제품명으로 사용될 때는 대체의학에서 의미하는 자연스러운 치유의 과정을 의미하는 것으로 생각하면 되겠다.

**퍼밍** Firming '단단한', '딱딱한', '확고한' 등의 뜻을 지닌 영어 단어인 퍼밍은 얼굴의 부기를 제거하고 윤곽을 살려 탄탄하고 날렵한 피부로 가꾸는 것을 목적으로 하는 제품의 이름에 주로 사용된다.

**포어** Pore '모공'. 포어 케어는 '모공 관리'를 뜻한다.

**폴라리스** Polaris 고주파 리프팅 레이저 시술인 폴라리스 효과를 빗대어 표현한 말로, 탄력과 리프팅, 모공과 여드름 케어 효과 등을 목적으로 한다.

**피그먼트** Pigment 물 등의 용제에 녹지 않고 혼합되는 '분말형 색재', '안료'를 뜻한다. 파운데이션이나 파우더, 블러셔, 아이섀도우의 색재를 표현하는 말이다.

**하이드라** Hydra 영문 표기 Hydra를 사전에서 찾으면 '9개의 머리를 가진 신화 속 뱀'이라고 소개된다. 외래어 표기법상으로는 하이드라가 아닌 히드라. 하지만 화장품에서 자주 사용되는 '하이드라'는 영어 Hydration 또는 Hydrate의 줄임말 정도로 이해해야 하며 '수화 水化 작용' 또는 '물을 포함한 화합물'을 뜻한다. 주로 보습 효과가 있고 사용감이 물처럼 가볍고 촉촉한 제품에 사용된다.

# 늘 사용하던 화장품인데
# 트러블이 생겼어요

늘 사용하던 화장품을 똑같이 사용했을 뿐인데 느닷없이 트러블이 생기거나, 피부가 평소보다 더 거칠고 푸석푸석해진 느낌이라면 무엇이 문제일까? 이런 현상은 생리주기에 따라 잘 일어나는데, 특히 호르몬 변화가 시작되는 배란기부터 생리 직전까지는 피지 분비가 늘어나고 피부가 잔뜩 예민해진다. 여성의 생리주기와 화장품 사용에 대해서는 p.122에서 조금 더 상세히 다루도록 하겠다.

계절이 바뀌는 환절기에도 트러블은 종종 발생한다. 온도와 습도 등이 크게 변하는 시기에는 우리 몸이 미처 적응하지 못해 면역계 질환에 노출되기 쉬우며 피부도 덩달아 예민해지기 쉽다. 이런 때는 사용 화장품의 종류를 줄이고, 자극이 될 수 있는 고기능성 화장품 대신 피부를 편안하게 케어하는 보습 제품에 충실하자.

또 한 가지 경우의 수는 오래되어 변질 또는 변형된 화장품을 그대로 사용하는 것이다. 계절에 따라 기초 제품을 달리 사용하거나 트렌드를 좇아 립스틱, 아이섀도우 등을 선택하다 보면 사용하다 만 화장품이 공기 중에 장기간 방치된 채로 화장대를 차지하고 있기 일쑤다. 하지만 이렇게 쓰다 만 채 공기에 노출되어 변질된 화장품은 가벼운 트러블을 넘어 접촉성 피부염 등을 일으키는 원인이 될 수도 있으므로 주의를 요한다. 한 번 개봉한 화장품은 이미 피부에 닿아 세균에 노출되기 쉬운 상태이므로 장기간 방치하기보다 가급적 사용 기한 내 모두 사용하고, 변질 또는 변형되었을 때는 아까워하지 말고 폐기 처분하도록 한다.

# 화장품에는
# 유통 기한이 없다?

　제품 포장재에 표시된 날짜, 우리가 흔히 '유통 기한'이라 알고 있는 것 중 실제 '유통 기한'을 표시한 것은 없다. 시중에 유통되는 제품 중 포장재에 날짜를 반드시 표시해야 하는 제품군은 크게 식품과 의약품, 화장품 세 가지인데, 여기에 표시된 날짜는 유통 기한이 아닌 '소비 기한' 또는 '사용 기한' 그리고 '개봉 후 사용 기간'이다. 화장품 용기 또는 단상자에 표시된 날짜와 관련하여서는 화장품법 제10조 '화장품의 기재 사항' 부분을 다시 한번 살펴보자.

　　제10조 화장품의 기재 사항 ① 화장품의 1차 포장 또는 2차 포장에는 총리령으로 정하는 바에 따라 다음 각호의 사항을 기재·표시하여야 한다. 다만 내용량이 소량인 화장품의 포장 등 총리령으로 정하는 포장에는 화장품의 명칭, 화장품 책임 판매업자 및 맞춤형 화장품 판매업자의 상호, 가격, 제조번호와 사용 기한 또는 개봉 후 사용 기간 개봉 후 사용 기간을 기재할 경우에는 제조 연월일을 병행 표기하여야 한다. 이하 이 조에서 같다 만을 기재·표시할 수 있다.
　　1. 화장품의 명칭
　　2. 영업자의 상호 및 주소
　　3. 해당 화장품 제조에 사용된 모든 성분 인체에 무해한 소량 함유 성분 등 총리령으로 정하는 성분은 제외한다.
　　4. 내용물의 용량 또는 중량
　　5. 제조번호
　　**6. 사용 기한 또는 개봉 후 사용 기간 ★**

2021년 8월 식품의약품안전처는 식품 폐기물 감소와 탄소 중립 실현을 목적으로, 기존 '유통 기한' 표시를 '소비 기한' 표시로 바꾸는 '식품 표시·광고법' 개정안을 공포했다. 2023년 1월부터 식품의 소비 기한 표시제가 시행됨에 따라 국내에서 포장재에 '유통 기한'을 표시해야 하는 품목은 없어졌다.

유통 기한은 말 그대로 상품이 시중에 유통될 수 있는 기한을 의미한다. 반면 소비 기한은 소비자가 실제로 제품을 섭취 또는 사용하였을 때 건강에 이상이 없을 것으로 판단되는 기한을 뜻한다. 유통 기한이 지난 상품은 판매가 불가하지만, 이를 소비 또는 사용할 수 없다는 뜻이 아님에도 대부분의 소비자가 식품의 유통 기한을 상품의 폐기 시점으로 오해하여 과도한 음식물 쓰레기 발생과 환경 오염의 원인으로 지적되어 왔다.

물론 유통 기한은 제품의 포장재를 개봉하지 않고 올바른 보관법을 준수하였을 때를 기준으로 하는 것이므로 보관 방법이 잘못되었거나 포장재의 손상 또는 개봉이 일어난 제품은 유통 기한이 지나지 않았더라도 변질의 가능성이 충분하다. 그러나 구매 후 유통 기한이 지났더라도 올바른 보관 방법을 지켜 포장재 손상 또는 개봉 없이 보관했다면 제품의 변질 또는 부패가 일어나지 않아 충분히 소비 또는 사용이 가능하다. 통상적으로 식품의 유통 기한은 품질 안전 한계 기간의 60~70% 시점, 소비 기한은 식품의 종류에 따라 다르지만 대부분 품질 안전 한계 기간의 80~90% 시점으로 보고 있다.

그렇다면 화장품과 의약품에 표시된 '사용 기한'은 무엇을 뜻하는 것일까? 얼핏 소비 기한과 의미가 비슷해 보이지만 '사용 기한'은 "해당 원료 약품을 규정한 조건에서 보관한 경우에 해당 원료 약품이 규격을 유지한다고 예측되는 기간의 길이"를 나타낸다. 즉 이 기간을 경과한 원료 약품은 더 이상 사용하지 않고 폐기해야 한다는 뜻이다.

관점에 따라 유통 기한은 판매자 중심의 표시제, 소비 기한과 사용 기한은 소비자 중심의 표시제로도 이해할 수 있다.

화장품의 사용 기한은 대부분 제품의 단상자 또는 용기 뒷면이나 하단부에 표시되어 있다. 튜브 용기의 경우 용기 상단의 압착 면에 양각으로 새겨져 있기도 하다. 사용 기한과 별도로 개봉 후 사용 기간을 표시하는 경우도 있는데, 이는 화장품 뚜껑이 열려 있는 그림에 '6M', '12M' 등으로 표시된다. '6M'은 개봉 후 6개월, '12M'은 개봉 후 1년 안에 사용해야 한다는 뜻이다. 이처럼 개봉 후 사용 기간을 표시하는 경우에는 사용 기한과 함께 별도의 제조 연월일을 표시해야 한다.

통상적으로 화장품의 사용 기한은 제조 연월일로부터 2~3년 정도로 정해지는데, 이에 대한 별도의 법적 기준이 제시된 것은 아니다. 화장품법 제2조 제5호에서는 화장품의 사용 기한을 "화장품이 제조된 날부터 적절한 보관 상태에서 제품이 고유의 특성을 간직한 채 소비자가 안정적으로 사용할 수 있는 최소한의 기한"이라고 정의하고 있다. 화장품 회사가 각 제품의 특성과 사용법, 보관 상태 등을 고려해 사용 기한 또는 개봉 후 사용 기간을 정하도록 한 것이다.

[화장품의 개봉 후 사용 기간 표시]

개봉 후 사용 기간은 색조화장품의 경우 6개월, 기초 제품은 1년 정도로 보는 것이 좋다. 색조화장품의 사용 기간이 더 짧은 이유는 눈가와 입가 등 민감한 부위에 주로 사용하는 제품이기 때문인데, 특히 아이라이너나 마스카라처럼 수분 베이스의 제품은 사용 기간 내에라도 쩐 내가 나거나, 제형에 물기가 생겨 층상이 분리되거나, 색이 변했거나, 내용물이 굳었다면 망설이지 말고 버리도록 한다. 수분 베이스가 아닌 립스틱이나 팩트, 아이섀도 등은 개봉 후 30개월까지는 제형 변화 등의 문제가 없다면 사용해도 괜찮다.

기초 제품의 경우 비타민이나 식물 추출물 등이 함유된 기능성 화장품은 원료 특성상 변질 가능성이 높아 개봉 후 가급적 빨리 사용하는 것이 중요하다. 사용 기한 내에라도 변색·변취, 제형 분리 등의 현상이 발견되면 사용을 중단하고 폐기하도록 한다.

# 화장품의 수명을
# 단축시키는 습관

화장품에는 저마다 정해진 사용 기한이 있지만 사용하는 방법에 따라 그 수명이 늘어날 수도, 줄어들 수도 있다. 직사광선에 장시간 노출된다거나, 뚜껑을 열어둔 채 방치한 화장품은 사용 기한 내에라도 변질 우려가 있으므로 주의해야 한다. 특히 레티놀, 비타민C 등 자외선과 열에 불안정한 성분의 제품은 절대 햇볕에 노출하지 말고 어둡고 서늘한 곳에 보관해야 한다.

깨끗하게 씻지 않은 손으로 제품의 텍스처를 함부로 만진다거나 더러운 퍼프<sub>분첩</sub>, 브러시, 스패츌러<sub>주걱</sub> 등의 도구로 제품을 덜어 내는 것도 절대 금물이다. 특히 파운데이션이나 퍼프를 덧바를 때 사용하는 퍼프는 피부에 직접 닿는 도구이므로 피지와 땀 등 세균이 번식하기 좋은 환경을 제공하는 만큼 일주일 이상 반복해서 사용하지 않도록 주의한다. 또 한 가지, 퍼프는 반복해서 세척할 경우 기능이 매우 떨어진다. 일회용으로 나온 제품이므로 사용 후 폐기하는 것이 최선이다. 스패츌러는 사용 후 알코올 등의 소독 용제로 말끔히 닦아 먼지가 닿지 않는 곳에 보관하고, 브러시는 전용 세제로 세척해 모 부위가 아래로 향하도록 충분히 건조하여 사용하도록 한다.

# 화장품 냉장고, 꼭 필요할까?

화장품의 필수 요건 중 '안정성'은 시간이 지나도 화장품의 품질이 일관되게 유지되는 성질을 의미한다. 화장품 회사들은 제품을 출시하기 전 안정성 테스트를 통해 다양한 환경과 조건에서 제품이 일정한 품질을 유지할 수 있는지를 확인하는데, 여기에는 장기 보존 시험, 가속 시험, 가혹 시험, 개봉 후 안정성 시험 등이 포함된다. 장기 보존 시험은 말 그대로 화장품의 사용 기한을 설정하기 위해 제품의 유통 및 사용 조건하에서의 품질 변화를 체크하는 것이고, 가속 시험은 단기간의 변화된 조건이 제품의 물리화학적, 미생물학적 안정성과 용기 적합성 등에 미치는 영향을 평가하는 시험이다. 가혹 시험은 냉동과 해동, 저온과 고온 등 큰 온도 편차에서의 품질 변화, 충격과 진동 등의 물리적 힘에 의한 품질 변화, 빛에 의한 변질 여부 등을 측정한다. 개봉 후 안정성은 화장품 사용 시 일어날 수 있는 오염의 가능성 등을 고려해 물리화학적, 미생물학적 안정성과 용기 적합성 등을 시험하는 것이다. 그리고 시중에 유통되는 화장품들은 대부분 이 모든 시험을 통과해 안정성을 인정받은 제품들이다.

소비자 입장에서 화장품을 냉장고에 보관하는 목적은 혹시 있을지 모를 변질 또는 변형의 가능성을 예방하고 보다 신선한 상태로 제품을 사용하기 위함일 것이다. 그러나 대부분의 화장품은 이미 일상의 온도에서 최적의 안정성을 유지할 수 있도록 만들어진 제품이므로 굳이 냉장 보관을 할 필요는 없다. 제품에 따라서는 오히려 냉장고 속 낮은 온도와 실내의 높은 온도 사이를 반복해서 오가는 바람에 제형이 분리되거나 세균 번식이 더 심화될 수 있으며, 피부가 예민할 경우 차가운 제형이 직접 피부에 닿아 더 자극받고 예민해질 수 있다.

화장품 회사들이 권하는 최적의 보관 온도는 11~15℃로 화장품 냉장고 속 온도보다 훨씬 높다. 그래도 화장품 냉장고를 꼭 사용하고 싶다면 하나씩 꺼내 쓸 수 있는 시트 팩, 여름날 달아오른 피부 온도를 일시적으로 낮춰 줄 수 있는 토너나 수딩 제품, 유통 기한이 짧은 천연 화장품이나 빛과 열에 쉽게 변질되는 비타민C, 레티놀 성분을 함유한 미백 기능성 제품 등 몇 가지로 제한하자. 단, 냉장고에 보관했던 제품을 다시 실온에 두고 사용하는 것은 실온 보관보다 안정성이 떨어진다는 점도 잊지 말아야 한다. 천연 화장품이나 집에서 직접 만드는 화장품의 경우 냉장 보관 시 미생물 오염 가능성을 낮출 수는 있으나 장기간 보관 시에는 변질의 위험성이 있으므로 가능한 한 빨리 사용하는 것이 좋다.

# 올바른 화장품 보관 수칙

화장품은 매일 열었다 닫기를 반복하며 사계절 내내 사용하는 제품인 만큼 날씨와 환경 변화에 따라 효능이 떨어지거나 변질 등의 우려를 완전히 배제할 수 없다. 화장품을 조금 더 신선한 상태로 끝까지 사용할 수 있는 보관 노하우를 알아보자.

### ① 직사광선을 피해 서늘한 곳에 보관

화장품은 기본적으로 상온에서 보관할 수 있도록 제조되어 나오는 제품이므로 굳이 냉장 보관이 필요하지는 않다. 단, 제품에 따라 직사광선이나 고온에 효능이 저하되는 성분을 함유한 경우가 있으므로 직사광선을 피해 서늘하고 그늘진 곳에 보관하도록 한다.

### ② 사용 후 뚜껑 꼭 닫기

뚜껑을 열어 두면 먼지나 미생물이 유입될 수 있으므로 항상 뚜껑을 꼭 닫아 공기 유입을 차단하도록 한다.

### ③ 화장품 사용 시 깨끗한 손은 기본

씻지 않은 손으로 크림이나 파운데이션 등을 덜어 내지 않도록 유의할 것. 제품의 내용물은 깨끗한 스패츌러를 이용해 덜어 내고, 사용 후에는 입구에 내용물이 묻어 있지 않도록 깨끗이 닦아 보관한다.

# 피부도 소화불량에 걸린다

우리나라 사람이라면 누구나 한 번쯤 화장품 다이어트란 말을 들어본 적이 있을 것이다. 화장품 강국답게 우리나라는 전 세계적으로도 사용하는 화장품 개수가 많기로 유명하다. 지난 2023년 소비자 데이터 플랫폼 오픈 서베이가 발표한 한국과 미국, 일본의 '여성 소비자 뷰티 제품 소비 행태' 조사 결과를 살펴보면, 한국은 평균적으로 스킨케어 제품 6.12개, 색조 제품 5.69개를 사용하는 반면 미국은 각각 3.60개와 5.50개, 일본은 3.06개와 3.95개 수준인 것으로 드러났다. 이보다 앞선 2021년 모바일 리서치 오픈 서베이가 한국 20~49세 남성들을 대상으로 조사한 결과에 따르면, 한국 남성들은 1인당 평균 7개의 화장품을 사용한다. 물론 여기에는 스킨과 로션 같은 기초 제품 외에도 보디 클렌저나 향수 같은 제품들도 포함되어 있었으나 우리가 사용하는 제품의 개수가 과도하게 많은 것은 아닌지 잠시 생각하게 되는 대목이다.

화장품 종류에 따른 기능과 효능을 생각하면 반드시 다 필요한 것처럼 여겨지겠지만 이에 대해서는 화장품 전문가들 사이에서도 의견이 분분한 형편이다. 가령 어떤 피부 전문가는 성분의 대부분이 물로 이뤄진 스킨 또는 토너 제품이야말로 쓸모없다고 주장하지만, 한편에서는 스킨과 토너가 세안 후 피부에 남아 있을지 모를 세안제 잔여물을 닦아 내고, 피부를 부드럽고 유연하게 정돈해 다음에 사용하는 제품의 흡수를 돕는 기능적인 측면이 있다고 이야기한다. 로션 또한 크림의 묽은 버전이므로 굳이 사용할 필요가 없다는 주장과 가볍고 산뜻한 사용감의 보습제 사용이 필요하다는 주장이 맞선다.

결국 선택은 소비자의 몫이다. 모든 사람에게 다이어트가 필수는 아니듯 화장품 다이어트가 누구나 반드시 실천해야 할 미션은 아닌 것이다. 다만, 내가 지금 나에게 필요한 제품을 제대로 사용하고 있는지는 꼼꼼히 따져 볼 문제다. 툭하면 트러블에 시달리면서도 화장대 위의 모든 제품을 순서대로 발라야 한다는 강박에 시달린다거나, 아무리 겹겹이 화장품을 발라도 여전히 피부가 건조하고 땅기는 상태라면 화장품의 개수가 아닌 내 피부에 적절한 화장품을 사용하고 있는가에 대한 고민부터 다시 시작해 보자. 환절기나 생리 기간처럼 피부 컨디션이 나빠지는 때에도 화장품 다이어트를 실천하는 것이 도움이 될 수 있다. 내 몸의 건강 상태에 따라 식단을 조절하거나 필요한 영양소를 집중 공급하고 기운을 북돋우는 보양식을 찾아 먹는 것처럼 말이다.

화장품 간 궁합을 점검해 보는 것도 중요하다. 특히 고기능성 제품일수록 함께 발랐을 때 시너지를 내는 제품도 있지만 역효과를 내는 제품도 적지 않기 때문이다. 이것저것 욕심내어 많이 바르기보다 기능이 겹치거나 대체 가능한 종류는 과감히 정리하는 것이 스킨케어에는 훨씬 효과적일 수 있다.

지금 사용하고 있는 제품을 잘 활용하는 지혜도 필요하다. 가령 피부가 유난히 달아오른 날이라면 수딩 제품이나 시트 팩을 따로 사용하지 않고 넓은 화장 솜에 토너를 듬뿍 덜어 잠시 차갑게 두었다가 달아오른 부위에 얹어 두는 식이다. 피부가 유난히 건조하게 느껴지는 날이라면 평소 사용하던 크림을 2~3번에 걸쳐 도톰하게 나눠 바르고 잠드는 것도 방법이다.

# 화장품도 궁합이 있나요?

화장품 궁합을 별자리나 사주 같은 미신으로 보아서는 곤란하다. 화장품은 각각의 사용 목적과 기능에 따라 그에 필요한 적절한 성분을 배합해 완성한 제품이기에 목적과 기능이 서로 다른 제품을 겹쳐 발랐을 때 기대하는 효과를 얻지 못하거나 자극과 트러블 등의 부작용이 발생하기도 하기 때문이다. 함께 사용했을 때 득이 되는 화장품과 실이 더 많은 화장품, 어떤 것들이 있는지 알아보자.

**GOOD** → **각질 제거 제품 + 보습 or 화이트닝 or 안티에이징 제품 + 자외선 차단제**

보습과 화이트닝, 안티에이징 등 고기능성 제품으로 피부를 집중 관리하고 싶다면 각질 제거가 우선이다. 피부에 각질이 두텁게 쌓인 상태에서는 제아무리 좋은 고기능성 제품을 발라도 유효 성분의 흡수가 더디거나 충분치 않을 수 있기 때문이다. 특히 각질 제거만으로도 칙칙하던 피부 톤이 어느 정도 맑고 깨끗해지는 효과를 얻을 수 있어 각질 제거 후 화이트닝 제품을 사용하면 더욱 뛰어난 시너지를 얻을 수 있다. 각질 제거와 화이트닝 제품 사용 후에는 반드시 자외선 차단제로 마무리해 보호막을 덧씌우는 것이 중요하다.

`GOOD` → 레티놀 + 자외선 차단제

주름 개선에 탁월한 효과가 있는 레티놀은 빛과 열에 취약한 단점이 있어 주로 나이트 케어 제품의 성분으로 애용된다. 그런데 이 레티놀 성분의 제품을 낮 시간대에도 바르고 싶다면? 당연히 자외선 차단제 사용은 필수다.

`GOOD` → 레티놀 + 비타민C

레티놀과 비타민C를 함께 사용하는 것은 추천! 비타민A의 일종인 레티노이드계 성분은 주름 개선이 주목적이지만, 비타민A가 산성의 성질을 띠고 있어 각질 제거에도 어느 정도 효과가 있기 때문이다.

그러나 반드시 주의해야 할 점이 있다. 비타민A처럼 산성을 띠는 성분을 애시드<sub>Acid</sub>라 하는데, 화장품 원료로 애용되는 또 다른 애시드류로 AHA와 BHA, 비타민C 등을 꼽을 수 있다. 이런 애시드류의 공통점은 피부 자극이다. 레티놀과 비타민C 성분의 화장품을 함께 사용하고자 한다면 레티놀 제품을 먼저 3주 이상 단독으로 사용해 피부가 충분히 적응할 수 있도록 한 다음, 비타민C 제품을 조금씩 병용해야 자극을 줄일 수 있다. 이때 레티놀 제품은 반드시 밤에만 사용하도록 하고, 어느 쪽이든 과량 사용은 금물이다.

`GOOD` → 모공 케어 + 퍼밍

나이가 들수록 모공이 도드라져 보여 걱정이라면 시도해 볼만한 조합이다. 피지 분비를 컨트롤해 번들거림을 최소화하고 모공을 탄탄하게 가꾸는 것을 목적으로 하는 모공 케어 제품은 피부 탄력을 목적으로 하는 퍼밍 케어 제품과 궁합이 잘 맞는다. 퍼밍 케어 제품 역시 피부를 탄탄하게 조이는 효과가 있기 때문이다. 단, 퍼밍 케어 제품 대부분이 안티에이징을 목적으로 하므로 고영양 성분을 함유하고 있을 가능성이 높은 만큼 심한 지성 피부나 트러블 피부에는 맞지 않다.

**GOOD** → 비타민C + 보습 + 자외선 차단제

비타민C는 화이트닝, 탄력 강화, 항산화 등 다양한 효과를 부여하는 성분이지만 단한 가지 보습 효과가 부족한 것이 흠이다. 비타민C가 함유된 제품을 바른 후에는 보습 에센스와 크림 특히 토코페롤 성분의 제품으로 수분을 보충하는 것이 좋다. 비타민C 역시 빛과 열에 불안정한 성분이므로 낮 시간대에는 반드시 자외선 차단제를 충분히 덧바른다.

**BAD** → 모공·트러블 케어 + 안티에이징

화장품은 사용 목적에 따라 제형과 사용감이 달라지기도 하는데, 모공 또는 트러블 케어 화장품의 경우 과다한 피지를 컨트롤하기 위해 가볍고 산뜻한 제형과 끈적이지 않는 사용감을 갖추는 것이 중요하다. 반면 주름과 탄력 등을 관리하는 안티에이징 화장품은 건조하고 탄력이 부족한 피부를 위한 제품이기에 유분감이 많고 발랐을 때 끈적임이 느껴지는 제품이 대부분이다.

제형과 사용감이 서로 다른 두 제품을 동시에 사용한다면 당연히 어느 쪽도 제대로 된 효과를 기대하기 어렵다. 그런데 모공과 트러블 케어가 시급하지만 주름도 걱정이라면? 전체적인 스킨케어는 모공·트러블 케어 제품으로 하되 모공이 넓고 트러블이 자주 발생하는 이마와 코, 뺨 등의 부위를 집중적으로 관리하고 눈가와 입가 등 주름이 생기기 쉬운 국소 부위만 따로 아이크림을 발라 관리하도록 한다. 반대로 안티에이징 케어에 집중하고 싶은데 부분적으로 트러블이 생겼다면? 전체적으로 안티에이징 케어에 신경 쓰되 국소용 패치 같은 스폿 케어 제품으로 트러블 부위만 따로 관리하는 지혜가 필요하다.

**BAD** → 레티놀 + AHA or BHA

각질 제거에 욕심내어 레티놀 제품과 AHA 또는 BHA 성분 제품을 함께 사용한다

면 피부 건조를 유발하는 것은 물론 자극을 가중해 트러블로 이어질 수 있다.

## **BAD** → 퍼밍 + 보습

피부의 부기를 제거하고 윤곽을 잡아 주는 목적으로 사용되는 퍼밍 제품은 피부 속 수분을 배출하는 카페인 성분이 함유된 경우가 많다. 이런 퍼밍 제품과 보습 제품을 함께 사용한다면? 애써 바른 보습 제품의 효과를 제대로 얻지 못하는 것은 물론 목적하던 퍼밍 효과도 기대하기 어려워진다.

## **BAD** → 퍼밍 + 화이트닝

퍼밍 제품은 화이트닝 제품과도 궁합이 맞지 않는다. 피부에 탄력을 더하는 퍼밍 제품의 핵심 성분은 콜라겐과 같은 단백질류인데 화이트닝 효과가 뛰어난 비타민C는 콜라겐을 응고시켜 흡수를 방해하는 대표적인 성분이다. 그렇다면 화이트닝과 퍼밍 효과를 동시에 얻을 수는 없는 것일까?

낮 시간대에는 화이트닝 케어를, 밤 시간대에는 퍼밍 케어에 집중하는 식으로 시간대에 따라 다른 케어 방법을 쓴다면 각각의 성분이 지닌 효과를 방해하지 않고 어느 정도 효과를 기대할 수 있을 것이다.

# 여성의 생리주기와 화장품

피부는 우리 몸의 컨디션과 건강 상태를 체크할 수 있는 바로미터와 같다. 호르몬 변화에 따라 시시각각 달라지는 피부 상태를 경험할 때면 가뜩이나 예민해진 몸과 마음이 더 우울하게 느껴질 때도 있지만, 이 또한 살아 있음의 증거라 생각하며 기꺼이 받아들이는 지혜도 필요하다. 완벽하진 않겠지만, 화장품만 잘 활용해도 생리주기에 따른 피부 변화에 어느 정도 대응 가능하다는 점도 위로가 된다.

여성의 생리주기 사이클은 크게 생리 직전과 생리 중, 생리 후, 배란기로 나눌 수 있다. 생리가 시작될 무렵이면 좁쌀 같은 뾰루지나 여드름이 생기고 피부가 눈에 띄게 푸석푸석 거칠어지는데, 이는 생리 시작 3~4일 전부터 폭발적으로 분비되는 프로게스테론이라는 호르몬 때문이다. 생리 시작 2주일 전, 배란기 무렵부터 분비되기 시작하는 프로게스테론 호르몬은 피지선을 자극해 트러블을 유발하고 각질이 두껍게 쌓이는 원인이 되기도 한다.

### 생리 직전

이 시기가 되면 피부 저항력이 낮아져 피부가 극도로 예민해지는데, 이때는 평소 사용하던 고기능성 제품의 사용을 중단하고 피부에 순한 저자극 제품을 중심으로 화장품 사용 단계를 최소한으로 줄이는 것이 좋다.

### 생리 시작

프로게스테론의 분비가 줄어드는 대신 에스트로겐의 분비가 늘어난다. 하지만 피부 회복이 더뎌 트러블 부위를 만지거나 함부로 짜면 흉터가 생기기 쉬운 시기이므로 각별히 주의해야 한다. 각질 제거를 위해 스크럽제를 사용하는 것도 연약해진 피부에 부담이 될 수 있으므로 피하는 것이 좋다. 두껍게 쌓인 각질과 칙칙한 피부 톤이 답답하게 느껴진다면 AHA나 BHA 성분을 함유한 제품을 소량 발라 각질을 케어하도록 한다. 단, 피부 민감도가 여전히 높은 시기이므로 새로운 제품으로 스킨케어를 시도하거나 무리한 각질 제거 등으로 피부에 자극을 가하는 것은 금물이다.

### 생리가 끝날 무렵

이 시기부터는 에스트로겐 분비가 원활해져 피지 분비가 줄어들고 모공도 탄력을 되찾는다. 고기능성 제품의 효능 또한 최대치로 얻을 수 있는 때이니 피부를 위해 집중 투자하고 싶다면 피부 컨디션이 최상인 이 시기를 놓치지 말자. 피부 민감도가 가장 낮은 시기이므로 새로운 화장품을 시도해 보기에도 적합하다.

### 배란기

배란기가 시작되면 다시 프로게스테론의 분비가 증가한다. 프로게스테론의 영향으로 피지 분비가 늘어나고 모공이 막혀 트러블이 생기기 쉬우므로 무턱대고 고기능성 제품을 덧바르기보다 모공과 각질 케어가 우선이다. 피부가 점차 민감해지는 시기이므로 자외선 차단과 화이트닝에도 신경 쓰는 것이 좋다.

# 여성 호르몬과 피부 노화

여성 호르몬, 특히 에스트로겐은 피부 건강과 노화에 있어서도 중요한 역할을 한다. 에스트로겐은 피부 탄력에 관여하는 주요 성분인 콜라겐의 체내 생성을 촉진하고, 피부의 수분 보유 능력을 높이는 것은 물론 유수분 밸런스를 맞추어 여드름을 예방하는 데도 기여한다. 여성의 월경이 마무리되는 완경기에 접어들면 피부 노화가 가속화되는 것도 에스트로겐 수치가 급감하는 것과 관련이 있다.

여성 호르몬에 변화가 생기는 시기에는 피부가 건조하고 탄력이 줄어들며 두께 또한 얇아져 주름과 처짐 현상이 나타나고 사람에 따라서는 검버섯이나 어두운 반점, 여드름 등이 눈에 띄기도 한다. 이러한 변화를 완전히 막을 수는 없지만 충분한 수분 섭취와 과일과 채소 등 피부 건강에 도움이 되는 식단 구성, 규칙적인 운동과 숙면을 취할 수 있는 생활 환경, 적절한 화장품의 사용 등으로 어느 정도 예방과 관리가 가능하다.

완경기 피부 관리에 도움이 되는 화장품으로는 우선 히알루론산이나 세라마이드 등이 포함된 고보습 제품과 비타민C·E, 레티놀 등의 항산화 성분이 함유된 제품을 꼽을 수 있다. 자외선 차단제의 사용도 중요하다. 이 시기가 되면 피부는 두께가 얇아져 자외선의 영향에 취약해지기 쉬우므로 자외선으로부터 피부를 보호할 수 있도록 주의를 기울여야 한다. 필요에 따라서는 피부과 전문의와 상담하여 호르몬 대체 요법이나 기타 피부 치료법을 고려해 볼 수 있다.

# 각질 제거 병입니다만

피부가 유난히 어둡고 칙칙하게 느껴지는 날, 피부결이 거칠고 윤기 없어 보일 때, 자꾸만 화장이 들뜨고 겉돌 때 가장 즉각적인 해결책을 제시해 주는 것은 AHA와 BHA 성분의 각질 제거제이다. 각질은 피부 최외각 층에 존재하는 죽은 피부 세포로, 정상적인 상태의 피부는 28일을 주기로 생성과 탈락을 반복하므로 특별히 제거를 따로 하지 않아도 괜찮다. 하지만 자외선의 공격과 과도한 피지, 다양한 염증 반응, 수분 부족, 컨디션 난조 등으로 피부는 수시로 이 정상 사이클에서 벗어나게 마련이어서 제때 탈락하지 못한 각질이 두껍게 쌓여 거칠고 어두운 피부가 된다. 두껍게 쌓인 각질은 겉으로 드러나는 피부 톤과 피부결에만 문제를 일으키는 것이 아니라 모공을 막아 여드름 등의 피부 트러블을 일으키고 사용하는 화장품의 흡수를 더디게 하는 등 피부 활동의 다양한 방해 요소로 작용하게 된다.

AHA와 BHA는 스크럽제와 더불어 각질 제거에 사용되는 대표적인 성분이다. AHA는 각질 제거는 물론 피부 보습 능력을 향상시키는 효과가 있는 수용성 성분으로, 건조한 피부나 햇볕에 손상받아 각질이 두껍게 쌓인 피부에 적합하다. BHA는 지용성으로 각질 제거는 물론 항균 및 항염증 효과가 있어 지성이나 지복합성, 여드름성 피부에 적합하다.

적절한 AHA 또는 BHA 성분 화장품의 사용은 분명 피부결 정돈과 피부 톤 개선에 도움이 된다. 하지만 고농도의 제품을 너무 자주, 다량으로 사용한다면 일시적으로는 피부결이 매끄럽고 환하게 느껴지지만, 자극으로 인해 피부 민감도가 높아지고 염증과 트러블의 원인이 될 수 있다. 일반적으로 AHA의 농도는 10%, BHA는 2% 수준을 넘지 않는 제품을 선택하고, 일주일에 한두 번 정도로 사용을 제한하는 것이 바람직하다. 피부 상태에 따라 사용 빈도를 조정할 수는 있지만 하루 한 번 이상의 잦은 사용은 피하도록 한다. 사용 중 자극이 느껴지거나 붉은기 등이 감지되었다면 당연히 사용을 중단하고 심할 경우 피부과 전문의를 찾아 진단을 받아 볼 것을 권한다.

평소에도 마찬가지지만, 각질 제거 후에는 반드시 자외선 차단제를 발라 피부를 보호하는 것도 잊지 말아야 한다.

적절한 각질 제거 제품의 선택과 사용법에 대해서는 p.247에서 상세히 소개하였으니 참고하도록 하자.

### 중건성 피부엔 알파 하이드록시산 AHA, Alpha Hydroxy Acid

피부 재생, 각질 제거 효과가 뛰어난 수용성 성분인 AHA는 막힌 모공을 청소하고 피지가 쌓이는 것을 막아 여드름 감소에도 도움이 된다. 알칼리성 물질을 중화시켜 화장품의 pH 농도를 조절하는 역할도 담당한다. 과일에 많이 함유되어 과일산으로도 불리는데 화장품에는 주로 분자가 작아 피부 침투가 상대적으로 용이한, 사탕수수에서 추출한 글라이콜릭산을 사용한다. 중건성 피부에 특히 효과적이다.

### 지성·여드름 피부엔 베타 하이드록시산 BHA, Beta Hydroxy Acid

BHA는 살리실산, 베타인살리실레이트, 화이트 윌로우 껍질 등을 구성 성분으로 하는 지용성 각질 제거 성분이다. 피지가 많은 지성 피부, 화농성 여드름 피부 등에 효과적이며 모공을 막고 있는 피지를 녹여 화이트 헤드와 블랙 헤드 등을 청소하는 데도 도움이 된다. 반면 건성 피부에 사용할 경우 피부가 더욱 건조해질 수 있으므로 주의를 기울여야 한다. BHA가 최적의 효과를 발휘하는 피부 산도는 pH 3~3.5의 산성 상태이므로 약산성 세안제를 함께 사용하는 것이 좋다.

### 건성·민감성 피부엔 폴리 하이드록시산 PHA, Poly Hydroxy Acid

PHA는 글루코노락톤, 락토바이오닉산, 말토바이오닉산 등으로 구성되는 수용성 각질 제거 성분이다. AHA만큼 그 효과가 뛰어난 것은 아니나 입자가 커서 자극이 적고 보습력이 좋아 건성 피부와 민감성 피부에 적합하다. BHA에 비해 항염 효과 또한 뛰어나다. PHA는 pH 3.5~4 사이에서 효과가 가장 좋으나 지성 피부에 대한 효과는 미미한 편이다.

### 지성·복합성·민감성 피부엔 리포 하이드록시산 LHA, Lipo Hydroxy Acid

LHA는 카프릴로일 살리실산을 구성 성분으로 하는 pH 5.5의 약산성 살리실산 유도체로, BHA의 보다 진화된 형태로 볼 수 있다. BHA와 동일하게 작용하지만, 피부 장벽을 무너뜨리지 않고 각질을 용해하는 장점이 있다. 분자 크기가 크고 지방산이 있어 높은 친유성을 가지므로 지성 피부에 적합하며 복합성 피부, 민감성 피부에도 효과적이다. pH 3~4에서 높은 효과를 발휘한다.

# 화장품만으로 피부 노화를 막을 수 있을까?

피부에 나타나는 노화의 징후는 반복적인 표정으로 인해 눈가와 입가, 이마 등에 생기는 표정 주름을 비롯해 탄력 저하로 인한 피부 처짐과 목주름, 지방 조직 감소로 인한 볼 꺼짐과 눈 주변부 꺼짐 현상 등 그 원인과 부위에 따라 종류와 증상도 가지각색이다. 피부를 나이 들게 하는 원인으로는 유전을 비롯해 호르몬 변화, 세월의 흐름에 따른 자연스러운 세포 노화 등 내인성 요인도 있지만, 자외선과 환경 오염, 흡연 등 다양한 외부 환경과 생활 습관도 적지 않은 영향을 미친다.

그렇다면 화장품만으로 이미 노화가 진행된 피부를 되돌리거나 노화의 진행을 완전히 멈추는 것이 가능할까? 아쉽게도 그런 영화 같은 일은 먼 미래에도 실현 가능성이 매우 낮은 듯하다. 과거 뷰티 시장에서 주를 이루던 '안티에이징'의 개념이 최근에는 건강하게 나이 들어가는 '웰에이징', 서서히 성실하게 노화에 대비하는 '슬로우에이징'으로 대체된 것도 '나이 듦'으로 인해 생기는 자연스러운 현상을 겸허히 받아들이고자 하는 현대인들의 성숙한 사고를 반영한 결과일 것이다.

인체에 나타나는 노화 현상을 완전히 부정하거나 막아 낼 방법은 없지만, 현대의 과학과 기술력은 더욱 건강한 방식으로 노화를 관리하고 준비하는 것에 집중하고 있다.

화장품 과학도 예외는 아니다. 자외선 차단제를 꼼꼼히 발라 피부 노화의 첫 번째 외인적 요인으로 지목되는 자외선으로부터 피부를 보호하는 것, 보습 제품을 꾸준히 발라 건조를 예방하는 것, 피부 재생에 도움이 되는 기능성 화장품을 바르는 것 등은 우리가 화장품을 통해 할 수 있는 웰에이징, 슬로우에이징의 방법이다. 그 외에도 충분한 수면과 수분 섭취, 신선한 채소 및 과일을 바탕으로 한 고른 영양 관리, 규칙적인 운동, 스트레스 관리 등으로도 우리 몸에 나타나는 노화의 징후를 더디게 할 수 있을 것이다.

# 남자 화장품,
# 꼭 따로 써야 할까?

정해진 답은 없지만 여성의 피부와 남성의 피부가 가진 태생적 차이에 대해서는 알아 둘 필요가 있다. 여성의 피부는 남성의 피부에 비해 얇고 진피층에 존재하는 피부 탄력 물질인 콜라겐의 밀도 또한 낮아 주름이 생기기 쉬운 조건에 있다.

남성 피부는 남성 호르몬인 안드로겐의 영향으로 피지 분비가 여성 피부의 약 2배에 달하며 모공 또한 넓어 여드름이 생기기 쉽고 블랙헤드와 화이트헤드 등 비염증성 여드름에도 취약하다. 물론 피지 분비가 단점만 갖고 있는 것은 아니다. 피부에서 분비되는 천연 보호막인 피지는 자외선을 비롯한 외부 환경으로부터 피부를 지켜주고 수분을 잡아 두는 역할을 하므로 날씨와 계절 변화에 민감한 여성의 피부에 비해 피지 분비가 왕성한 남성 피부는 환경의 영향을 적게 받는다고 볼 수 있다.

피부 구조 자체에도 차이가 있다. 남성의 피부는 여성의 피부와 달리 매일 일정 수준의 수염이 자라나 표면이 거칠고, 면도로 인해 늘 상처에 노출된 상태다. 피지 분비가 많은데도 각질이 허옇게 일어나 푸석푸석해 보이는 이유도 면도로 인해 표피가 미세하게 긁힌 상태가 지속된 탓이다.

남성용 화장품은 이러한 남성 피부 특성을 고려하여 유분기를 줄이고 잦은 면도로 인한 피부 건조와 트러블 등을 예방하는 데 초점을 맞춘 제품들이다. 남성용 화장품 대부분이 피부에 발랐을 때 시원한 느낌이 드는 것 또한 항염·항균 효과가 있는 성분이 들어 있기 때문인데, 개인의 취향과 피부 상태에 따라서는 이러한 사용감이 부담스럽거나 불만족스러울 수도 있다. 선택은 어디까지나 개인의 자유다. 남성이라 해도 피지 분비가 많지 않고 자극적인 성분에 예민한 피부라면 애써 남성용 화장품을 고집할 필요가 없다.

최근에는 화장품에 있어 남성용과 여성용의 경계를 없앤 '젠더리스' 화장품이 등장해 젊은 세대를 중심으로 인기를 끌고 있는데, 이 또한 자신의 니즈와 잘 맞는다면 선택에 벽을 둘 필요가 없을 것이다. 어느 쪽을 선택하든 중요한 것은 개인의 피부 상태와 생활 환경, 취향의 존중이다.

# 퍼스널 컬러 공화국

K-뷰티 열풍이 거세지면서 한국에서 유행하던 퍼스널 컬러 진단법이 세계의 주목을 받고 있다. 기초화장품을 선택하는 데 있어 피부 타입 건성인지 중성, 지성, 복합성인지 이 중요하듯 메이크업과 패션에 있어 퍼스널 컬러는 오늘날 개인의 이미지를 긍정적인 방향으로 개선하고 개성을 표현하기 위한 또 하나의 절대적 기준으로 인식되고 있다. 최근에는 퍼스널 컬러 진단을 받기 위해 한국으로 날아오는 외국인 관광객까지 있을 정도라 하니 이를 단순히 지나가는 유행쯤으로 치부할 수만은 없을 듯하다.

물론 퍼스널 컬러 이론이 한국에서 시작된 것은 아니다. 역사적으로 인류는 오랜 세월 색채학에 대한 이론을 정립해 왔고, 퍼스널 컬러 이전에 미셸 외젠 슈브뢰이, 알버트 헨리 먼셀 등의 학자들이 저마다의 방식으로 색상이 가진 고유의 성질과 특징에 따라 색의 분류 체계를 만들기도 하였다. 퍼스널 컬러에 이용되는 사계절 색상의 기준은 독일의 유명 예술종합학교였던 바우하우스의 교수 요하네스 이텐의 이론을 토대로 발전시킨 것이다. 색상을 쿨톤 Cool tone 과 웜톤 Warm tone 으로 구분하는 시도는 1928년 로버트 C. 도어에 의해 이뤄졌다고 한다.

퍼스널 컬러는 피부와 머리카락, 눈동자 등 개인이 가진 고유의 신체 색상을 의미하는 데, 우리나라에서 사용되는 퍼스널 컬러 진단 기법은 일본의 색체계 PCCS, Practical Color Coordinate System 를 기반으로 한 것이다. 피부는 물론 머리카락과 눈동자의 색상도 각기 다른 서양인을 기준으로 만들어진 퍼스널 컬러 진단법은 한국인에 맞지 않을 수 있기 때문에 피부색을 중심으로 퍼스널 컬러를 진단하는 일본의 방식을 따른 것이다.

퍼스널 컬러가 유행하면서 21호, 23호, 25호와 같이 단순히 피부색의 명도에 따라 파운데이션 컬러를 구분하던 방식만으론 '나에게 맞는' 색조 제품을 선택하기 어려운 시대가 되었다. 브랜드들은 앞다투어 쿨톤과 웜톤을 구분한 새로운 개념의 색조 제품을 개발해 내거나 '어떠한 피부 톤에도 잘 맞는다'는 모호한 톤의 제품을 출시하기 시작했다.

문제는 정교하고 까다로워진 제품 선택의 기준이 퍼스널 컬러에 대한 맹신과 진단 오류에서 비롯될 가능성 또한 높아졌다는 데 있다. 색채란 날씨와 채광, 조도, 실내와 실외의 차이 등에 의해 시각적으로 전혀 다르게 인식될 수 있는 것일 뿐더러 이를 받아들이는 개개인의 주관적 판단 또한 완전히 배제할 수 없기 때문이다. 퍼스널 컬러 전문가들조차 조언이 엇갈리곤 하는 이유다.

물론 최근에는 첨단 AI 기기 등을 활용해 보다 객관적이고 정밀한 진단법을 찾아나가고 있다지만, 그렇다 해도 제품 구매에 있어 실패의 가능성은 빈번하게 존재한다. 제품을 인터넷으로 구매했다면 제품 촬영 현장의 상황, 촬영 컷의 보정 과정, 구매자의 컴퓨터 모니터 또는 휴대전화 화면의 컬러 표현 정도에 따라 현저한 차이가 존재할 수 있다. 제품 실물을 맨눈으로 확인하였다 해도 그날의 날씨와 매장의 조명 상태 등에 따라 오류 가능성은 충분하다. 그 모든 오류의 가능성을 차치하고라도 색조 메이크업 제품의 경우 맨눈으로 보았을 때와 실제 내 피부에 발랐을 때의 발색이 전혀 다르게 표현되는 경우가 대부분인데, 이는 제품 자체의 문제라기보다 사람마다 피부색과 피부 질감에 미묘한 차이가 존재하기 때문이라 할 수 있다. 사람의 피부가 새하얀 도화지가 아닌 이상 어쩔 수 없는 결과다.

그렇기에 어느 날 문득 틀에 갇힌 나를 떨쳐버리고 싶거나 기분 전환이 필요할 때, 너무나도 예쁜 컬러의 립스틱을 발견했거나 평소 잘 입지 않던 스타일의 옷에 도전해 보고픈 마음이 든다면 퍼스널 컬러 전문가의 조언 따위는 과감히 잊어버려도 좋을 것 같다. 퍼스널 컬러는 어디까지나 참고 사항일 뿐 무조건 믿고 따라야 하는 절대 기준일 수 없음을 기억하자.

# 해외 유명 브랜드 제품이니까

20여 년 전, 한 해외 유명 화장품 브랜드에서 100만 원이 훌쩍 넘는 고가의 크림을 국내 출시 하루 만에 완판시켜 화제가 된 사례가 있었다. 제품의 성공적인 론칭에 힘입어 브랜드는 이후로도 초고가 제품을 잇따라 내놓으며 성공 가도를 이어 나갔다. 공교롭게도 그 무렵은 미샤를 비롯한 국내 저가형 원브랜드숍이 잇따라 론칭에 성공을 거두던 시기이기도 했다. 덕분에 화장품 시장의 양극화 논란은 뜨거워졌고, 수입 화장품의 가격 책정 방식에 의문을 품는 사람들도 늘어났다. 실제로 당시 한 TV 방송에서는 블라인드 테스트를 통해 고가 화장품과 저가 화장품의 비교 실험을 진행하기도 하였는데, 놀랍게도 실험에 참여한 대부분의 소비자가 제품 간 별다른 차이를 느끼지 못하겠다는 반응을 보여 화제가 되었다. 심지어 어느 쪽이 고가 화장품인 것 같냐는 질문에 참가자가 '사용감과 향 등이 더 좋다'는 이유로 선택한 제품이 실제로는 저가 화장품인 것으로 드러나 놀라움을 더했다.

물론 고가의 화장품을 구매하기 위해 백화점 오픈런을 마다하지 않던 이들이라 해서 100배 비싼 화장품을 바르면 피부가 100배 더 예뻐질 것이라 기대한 것은 아닐 것이다. 제아무리 좋은 화장품을 바른다 한들 이미 생긴 주름이 사라지거나 처진 턱선이 매끈하게 올라붙는 기적 같은 일이 일어날 리 만무하다는 것쯤 잘 알고 있을 테니 말이다. 그럼에도 이들로 하여금 지갑을 다급하게 열게 만든 요인은 무엇일까?

첫째는 브랜드 가치가 아닐까 싶다. 화장품의 가격은 단순히 내용물의 효능이나 사용감만으로 결정되지 않는다. 고급스러운 용기 디자인, 유명 스타를 내세운 호화 마케팅, 고가의 원재료, 설비 투자, 연구 개발 그리고 수입 과정에서 발생하는 유통 비용 등 다양한 요소가 존재하기 때문이다. 그중에서도 브랜드의 명성과 가치에 지급하는 비용은 가장 큰 비중을 차지한다.

소비자 입장에서 화장품의 합리적인 선택을 위해서는 약간의 용기가 필요하다. 수정 메이크업을 위해 파우치에서 꺼내든 쿠션 팩트가 해외 유명 브랜드 제품이 아닌 저가형 원브랜드숍 제품임을 모두가 알아챈다 해도 당당하게 어깨를 펼 수 있는 마음가짐 말이다. 해외 유수의 고가 브랜드 제품들이 실제로는 우리나라의 ODM, OEM 회사를 통해 생산되는 경우가 많다는 것은 충분한 동기 부여가 될 수 있지 않을까?

화장품 산업은 유난히 브랜드 충성도가 높은 분야다. 이 때문에 소비자들은 소위 말하는 '명품 브랜드'라면 그에 걸맞은 최고의 설비와 기술력을 갖추고, 고급스러운 재료를 엄선하여 최상의 제품을 생산했을 것이라 기대한다. '장인정신'을 갖고 피부에 가장 안전한 성분으로 최상의 효과를 발휘하는 제품을 만들었을 것이라는 브랜드에 대한 믿음은 시즌마다 출시되는 신제품에도 거부감 없이 무한 신뢰를 보낼 수 있는 원동력이 된다. 이 가치를 지키기 위해 전략적으로 터무니없는 고가 정책을 고수하는 브랜드 또한 적지 않다는 것은 공공연히 알려진 비밀이지만 말이다.

# 샘플만 써 봐도 알 수 있나요?

"샘플만 써 봐도 알 수 있어요"

1980~1990년대 중년 여성들의 화장대를 점령했던 모 회사의 광고 카피는 당시 화장품 브랜드라면 으레 유명 연예인을 모델로 내세우던 광고 전략 대신 샘플을 무료로 나눠 주는 마케팅 전략만으로 성공을 거둔 브랜드 사례를 어필하는 내용이었다. 1~2회 사용분만 써 봐도 효과를 느낄 수 있다는 진검승부 전략은 고객들 사이에 커다란 반향을 일으켜 지금까지도 화장품 마케팅에 있어 빼놓을 수 없는 전략으로 손꼽힌다. 샘플 화장품은 고가의 본품을 구매했다가 내 피부에 맞지 않아 낭패를 맞이하는 일을 예방할 수 있을 뿐만 아니라 여행을 위해 무겁게 파우치를 꾸리지 않아도 되는 실용적인 용도로도 인기를 끌었다.

그런데 샘플 화장품이 시중에 범람하면서 몇 가지 문제가 발생했다. 그중 하나가 10ml 이하의 소용량 제품에는 사용 기한 표시 의무가 없다는 점이었다. 지금은 2017년 개정된 화장품법을 통해 샘플에도 사용 기한과 제조번호를 표시하도록 의무화하고 있지만, 당시에는 사용 기한이 없다 보니 자칫 내용물이 변질되어도 그냥 사용하게 되는 사례가 빈번했고, 이는 피부 발적이나 가려움, 뾰루지, 색소침착 등 다양한 부작용이 발생하는 원인으로 지목되었다. 변질된 샘플 제품을 사용한 탓에 제품의 본래 효능을 확인하는 것은 고사하고 '내 피부에는 맞지 않는 화장품'으로 억울하게 낙인찍히는 사례도 적지 않았다.

또 한 가지 문제는 홍보용으로 제공되는 무료 샘플을 유통 과정에서 몰래 빼돌려 본품에 비해 저렴한 가격으로 판매·유통하는 사례였다. 소비자 입장에서는 본품과 품질에 차이가 없는 샘플을 대량으로 구매해 사용하는 것이 경제적으로 이득일 수 있으나 이는 엄연한 불법 행위에 해당하는 것으로, 사용 기한 표기가 없는 샘플 화장품을 대량으로 구매해 사용하다 부작용이 발생할 경우 화장품 회사에 책임 소재를 묻기도 어려웠다. 해외에서 생산된 가짜 샘플 제품이 판매·유통되어 사회적 문제로 떠오르기도 했다.

항간에는 본품의 판매를 촉진하기 위해 화장품 회사가 의도적으로 샘플 제품에만 더 좋은 성분과 기술력을 투입한다는 소문도 돌았다. 샘플 제조만을 위해 별도의 생산 공정과 시설을 갖추기 어려운 현실적인 문제를 알지 못하는 소비자 무지에서 비롯된 억측이긴 하였으나, 무료로 제공되는 샘플 제품에는 별도의 성분 표기 또한 필요치 않았기에 소문은 확신에 가까운 것으로 재생산되기에 이르렀다.

정리하자면, 화장품 샘플이라 해서 특별히 성분이나 생산 공정에 본품과 차이가 있는 것은 아니다. 다만, 별도의 마개나 밀봉 설계가 되어 있지 않은 얇은 포장재에 담겨 있는 경우가 많아 개봉 즉시 전량 사용해야 공기 접촉 등으로 인한 변질 우려를 막을 수 있다. 사용 기한이 지난 제품은 미개봉 상태라 해도 과감히 폐기하자. 또 한 가지, 시중에서 유료로 판매되는 샘플 제품은 해외에서 생산된 짝퉁일 수 있으니 저렴한 가격에 현혹되어 구매하는 일이 없도록 유의해야 한다.

# 이거, 기능성 화장품 아닌가요?

화장품을 바르는 것만으로도 기미·잡티가 씻은 듯 사라지고, 자글자글하던 주름이 다림질한 듯 매끈하게 펴진다면 얼마나 좋을까. 그러나 실망스럽게도, 지구상에 그런 화장품은 존재하지 않으며 앞으로도 존재하지 않을 예정이다. 우리나라 화장품법에서는 화장품의 범위를 '인체에 대한 작용이 경미한 것'으로 한정하고 있으며, 이는 기능성 화장품에서도 예외가 아니다. 우리나라의 경우 법에서 정한 몇 가지 효능·효과를 표방하는 화장품에 대해 '기능성 화장품' 인증 제도를 도입하고 있는데, 여기에는 특정 화장품의 효과에 대해 과신하거나 의약품으로 오인하는 것을 막기 위한 목적도 포함되어 있다.

화장품 용기 또는 포장재의 라벨에 적힌 '미백 기능성 화장품' 표기나 '주름 개선 기능성 화장품' 표기는 물론 법에서 정한 기준에 따라 식품의약품안전처로부터 그 품질과 안전성, 효능을 심사받은 화장품이라는 의미다. 그러나 그것이 곧 우리가 기대하는 드라마틱한 수준의 효과를 보장하는 기준이 될 수는 없다. 관련하여 식품의약품안전처에서는 "기능성 화장품은 질병을 진단하거나 치료하는 목적의 의약품이 아니므로 의학적 치료가 필요한 경우 반드시 전문의와 상담할 것"을 강조하고 있다. 기능성 화장품에 의존하여 적절한 치료 시기를 놓치면 증세가 악화되는 경우가 있을 수 있으니 자신의 피부 상태를 면밀히 살피는 것은 물론 기능성 화장품 사용으로 인해 이상 반응이 발생할 경우 사용을 중단하고 병원 치료를 받도록 해야 한다.

기능성 화장품과 비슷한 개념으로 이웃 나라 일본에서는 '약용 화장품'이라는 용어를 사용하는데, 우리나라의 기능성 화장품이 식품의약품안전처의 심사를 받는 것처럼 일본에서는 후생노동성에서 '약용 화장품'을 관리한다. 다만, 우리나라에서는 기능성 화장품과 의약외품을 별개의 개념인 것에 반해 일본에서는 약용 화장품이 의약부외품의 개념으로 사용된다. 서구의 경우 비슷한 개념으로 '코스메슈티컬' 화장품, '더마 코스메틱' 등이 있지만 이에 대한 특별한 기준은 마련되어 있지 않은 상황이다. 따라서 시중에서 코슈메디컬 화장품, 더마 화장품의 개념으로 판매되는 제품은 엄밀히 말해 기능성 성분이나 효과를 인증받은 제품이 아니다.

우리나라 화장품법 시행규칙 제2조에서 규정한 기능성 화장품의 기준은 아래와 같다.

1. 피부에 멜라닌 색소가 침착하는 것을 방지하여 기미·주근깨 등의 생성을 억제함으로써 피부의 미백에 도움을 주는 기능을 가진 화장품
2. 피부에 침착된 멜라닌 색소의 색을 엷게 하여 피부의 미백에 도움을 주는 기능을 가진 화장품
3. 피부에 탄력을 주어 피부의 주름을 완화 또는 개선하는 기능을 가진 화장품
4. 강한 햇볕을 방지하여 피부를 곱게 태워 주는 기능을 가진 화장품
5. 자외선을 차단 또는 산란시켜 자외선으로부터 피부를 보호하는 기능을 가진 화장품
6. 모발의 색상을 변화[탈염 脫染·탈색 脫色 포함]시키는 기능을 가진 화장품. 다만, 일시적으로 모발의 색상을 변화시키는 제품은 제외한다.
7. 체모를 제거하는 기능을 가진 화장품. 다만, 물리적으로 체모를 제거하는 제품은 제외한다.
8. 탈모 증상의 완화에 도움을 주는 화장품. 다만, 코팅 등 물리적으로 모발을 굵게 보이게 하는 제품은 제외한다.
9. 여드름성 피부를 완화하는 데 도움을 주는 화장품. 다만, 인체 세정용 제품류로 한정한다.
10. 피부 장벽 피부의 가장 바깥쪽에 존재하는 각질층의 표피 의 기능을 회복하여 가려움 등의 개선에 도움을 주는 화장품
11. 튼살로 인한 붉은 선을 엷게 하는 데 도움을 주는 화장품

# 제약회사나 피부과에서 만든
# 화장품이라 믿을 수 있어요

해외에서 '더마 코스메틱' 또는 '코스메슈티컬'이 기능성 화장품의 개념으로 유통되는 이유는 지금처럼 화장품 유통 채널이 다양하지 못했던 과거에는 서구의 화장품 유통·판매가 주로 약국이나 피부과를 통해 이뤄졌기 때문이다. 덕분에 지금도 역사가 오래된 화장품 브랜드 중에는 '약국 화장품'을 콘셉트로 하는 경우가 적지 않다. 중요한 것은 이들 제품이 정말 '약'과 같은 치유 효과를 가졌는가 하는 것인데, 우리나라처럼 특정한 목적에 대해 피부 개선 효과를 기대할 수 있는 성분을 고시하고 함량 제한 등을 두어 '기능성 화장품'으로 엄격하게 관리하는 경우가 아니더라도 화장품의 기능이 약과 같은 수준으로 조제되는 경우는 전 세계 어느 나라에도 없다. 제아무리 유명 제약회사 또는 피부과 병원에서 제조·판매하는 제품이라 해도 그 성분과 효능이 화장품의 범위를 벗어난다면 이는 화장품이 아닌 의약품으로 분류되어야 하기 때문이다.

제약회사와 피부과 병원에서 만든 제품이니 아무래도 보다 전문적이고 신뢰할 만한 제품이지 않을까 막연한 기대를 품게 되는 소비자 입장을 이해 못 할 바는 아니지만 대부분의 더마 코스메틱 또는 코스메슈티컬 제품은 별도의 생산 시설을 갖춘 제약회사 또는 피부과 병원에서 생산되는 것이 아니라 기존의 화장품을 제조·생산하는

OEM·ODM 회사에서 만들어지고 있다. 심지어 '기능성 화장품' 인증을 받지 못한 제품이라면 제아무리 유명 제약회사나 피부과 병원에서 출시한 제품이라 해도 그 기능적 유효성을 담보하기 어렵다는 점도 알아두자.

# 화장품, 직접 만들어 써도 괜찮을까?

환경 문제와 유해 성분에 대한 사회적 우려가 커지면서 친환경 화장품에 관한 관심은 화장품 DIY에 관한 관심으로 이어졌다. 1990년대 말, 여성 잡지에서는 집에서 만들어 쓰는 화장품 레시피를 시즌별로 쏟아냈고, 2000년대에 접어들면서는 화장품 공방도 우후죽순 생겨났다. 그런데 화장품을 직접 만들어서 쓰면 정말 내 피부에 안전한 걸까?

물론 이론적으로는 화장품을 직접 만들어 사용한다면 우려하는 화학 성분의 함량을 줄이고 식물 추출물이나 비타민류 등 유효 성분의 함량을 높여 내 피부에 더 맞는 안전한 화장품을 완성할 수 있다. 불필요한 포장재를 줄일 수 있다는 점에서 환경 보호를 실천하는 긍정적인 측면도 있을 것이다.

그런데 DIY 화장품 맹신자들이 간과하는 중요한 한 가지, 화장품의 안전성과 직결되는 제품의 보존성과 제조 과정에서 유입될 수 있는 미생물 등의 문제는 어떻게 해결할 수 있을까. 화장품 제조 시설은 우리가 생각하는 것 이상으로 철저한 위생 기준 아래 관리된다. 화장품법에서는 화장품 제조 시설에 대해 먼지와 해충 등 눈에 보이는 유해 환경뿐만 아니라 미생물의 농도까지도 엄격한 기준을 적용하여, 일반 가정이나 매장에서는 도저히 흉내 내기 어려운 수준으로 관리하고 있다. 그런 까닭에 제조 시설 출입을 위해서는 살균 과정은 물론 전신 위생복과 마스크 등의 장비 착용이 필수다.

화장품을 직접 만들 경우 추출물이나 비타민류 등의 흡수력을 높이는 기술적 부분을 담보하기 어려운 것을 차치하고라도 기성 제품에서 화장품 성분으로 중요하게 다뤄지는 보존제 사용을 소홀히 할 가능성도 배제할 수 없다. 보존제는 화장품의 유통과 판매, 소비자 사용에 이르기까지 다양한 계절과 날씨, 환경을 거치는 동안에도 일정한 품질을 유지하기 위해서는 반드시 필요한 성분이므로 이를 생략할 경우 우리가 상상할 수 있는 수준 이상으로 제품의 사용 기한이 짧아진다.

직접 만들어 사용하는 화장품의 성분이라 해서 무조건 안심하고 믿을 수 있는 것도 아니다. 모든 천연 성분이 누구에게나 적합한 것은 아니며, 보존제를 사용하지 않은 천연 성분의 안전성은 더더욱 보장하기 어렵다. 전문적인 연구와 검증을 거치지 않은 화장품이 기대하는 만큼의 효과를 발휘할 수 있을지도 생각해 볼 문제다. 직접 화장품을 만들어 사용하는 것이 매력적일 수는 있지만 안전성과 안정성, 효능을 고려하여 신중하게 접근할 필요가 있다.

[출처_인천일보/[스마트팩토리 in 인천] (1) 아주화장품(2021.04.26일자)]

# 내 피부 말고도
# 생각해야 할 것들

개인의 소비가 동물 복지와 환경에 미치는 영향까지 생각하는 건강한 소비문화가 확산되면서 동물 실험을 하지 않는 크루얼티프리 Cruelty-Free 화장품에 대한 관심 또한 높아지고 있다. 크루얼티프리 화장품은 동물을 이용한 실험을 하지 않거나 동물 실험에 의존하지 않는 성분만을 사용한 화장품을 뜻하는데, 소비자들이 이러한 제품을 선택하는 것은 기업이 더 이상 불필요한 동물 실험 과정을 반복하지 않도록 결정하는 데 영향을 미치게 된다. 화장품 선택의 기준이 단순히 개인의 미용 관리만을 목적으로 하지 않고 환경에 미치는 부정적인 영향을 줄이는 데도 기여하게 되는 것이다.

업사이클링 화장품 또한 비슷한 맥락에서 바라볼 수 있다. 업사이클링 화장품은 사용하지 않는 자원이나 버려지는 재료를 재활용하여 새로운 가치를 창출하는 화장품을 뜻하는데, 못생긴 농산물을 활용한 어글리러블리 Ugly Lovely 의 마스크와 슬리핑 팩, 쌀겨를 압착한 미강유를 원료로 한 하예진의 쌀겨 오일 포 페이스 등이 그 예다. 업사이클링 화장품은 버려지는 자원을 재활용함으로써 쓰레기 매립량을 줄이고 환경오염을 감소시켜 환경 보호는 물론 지속 가능한 미용 산업 발전에도 크게 기여하는 긍정적인 측면이 있다.

이러한 제품들은 소비자에게 환경을 생각하는 새로운 뷰티 제품을 선택할 기회를 제공한다. 우리 스스로가 지구를 보호하고 더 나은 미래를 만들어 가며, 개인의 아름다움은 물론 지구 환경의 지속 가능한 아름다움을 유지하는 긍정적인 선순환 구조를 만들어 간다는 자부심이 소비의 중요한 요건이 되는 것이다.

## 화장품의 법적 정의와 분류

    화장품은 일상에서 매일 사용하는 생활용품으로, 건강한 사람을 대상으로 하며 인체를 청결하게 하고 건강하게 유지하는 것에 목적을 둔다는 점에서 사용 대상과 목적, 기간, 인허가 조건 등에 의약품 또는 의약외품과 차이가 있다. 매일 또는 오랜 기간에 걸쳐 반복적으로 사용하는 것이기에 사용상의 안전은 물론 부작용이 허용되지 않는다. 그러나 의약품은 질병에 노출된 환자에만 적용되는 것이기에 질병 치료를 최우선 목적으로 하며, 사용 시 부작용이 있을 수 있다.

    의약외품은 약사법 제2조 제7호에서 "사람이나 동물의 질병을 치료·경감 輕減·처치 또는 예방할 목적으로 사용되는 섬유·고무 제품 또는 이와 유사한 것, 인체에 대한 작용이 약하거나 인체에 직접 작용하지 아니하며, 기구 또는 기계가 아닌 것과 이와 유사한 것, 감염병 예방을 위하여 살균·살충 및 이와 유사한 용도로 사용되는 제제"로 정의하고 있어 화장품과 구분된다.

# 화장품의 정의

  우리나라 화장품법 제2조 1항에서는 화장품을 "인체를 청결·미화하여 매력을 더하고 용모를 밝게 변화시키거나 피부 모발의 건강을 유지 또는 증진하기 위하여 인체에 바르고 문지르거나 뿌리는 등 이와 유사한 방법으로 사용되는 물품으로써 인체에 대한 작용이 경미한 것"으로 정의하고 있다. 더불어 "약사법 제2조 제4호의 의약품에 해당하는 물품은 제외된다"라고 명시하고 있다.

## • 기능성 화장품의 정의
  2000년 7월 제정된 화장품법에는 특정 효능과 효과가 강조된 기능성 화장품에 대한 정의가 포함되었는데, 여기에는 "피부의 미백에 도움을 주는 제품, 피부의 주름 개선에 도움을 주는 제품, 피부를 곱게 태워 주거나 자외선으로부터 피부를 보호하는 데 도움을 주는 제품, 모발의 색상 변화·제거 또는 영양 공급에 도움을 주는 제품, 피부나 모발의 기능 약화로 인한 건조함, 갈라짐 빠짐, 각질화 등을 방지하거나 개선하는 데 도움을 주는 제품" 등이 포함된다. 기능성 화장품은 일반 화장품에 비해 생리 활성 Bioloical activity 이 강조된 화장품과 기능이 강조된 화장품으로 대별할 수 있다.

## • 영유아 또는 어린이 사용 화장품의 정의
  영유아 화장품은 만 3세 이하, 어린이 사용 화장품은 만 4세 이상부터 만 13세 이하가 사용할 수 있는 화장품을 말하며, 이를 표시·광고하려는 경우 제품 및 제조 방법에 대한 설명 자료와 화장품의 안전성 평가 자료, 제품의 효능·효과에 대한 증명 자료를 작성·보관해야 한다.

**• 천연 화장품의 정의**

동식물 및 그 유래 원료 등을 함유한 화장품으로 식품의약품안전처장이 정하는 기준에 맞는 화장품. 천연 물, 천연 원료, 천연 유래 원료  원료의 함량이 전체 제품의 95% 이상을 차지해야 한다.

**• 유기농 화장품의 정의**

유기농 원료와 동식물 및 그 유래 원료 등을 함유한 화장품으로 식품의약품안전처장이 정하는 기준에 맞는 화장품이어야 하며, 유기농 함량이 전체 제품의 10% 이상 또는 유기농 원료의 함량을 포함한 천연 원료의 함량이 전체 제품의 95% 이상이어야 한다.

여기서 천연 원료란 유기농 원료, 식물 원료, 동물에서 생산된 원료, 미네랄 원료를 뜻하며, 천연 유래 원료는 유기농 유래 원료, 식물 유래 원료, 동물성 유래 원료, 미네랄 유래 원료이다.

**• 맞춤형 화장품의 정의**

제조 또는 수입된 화장품의 내용물에 다른 화장품의 내용물이나 식품의약품안전처장이 정하는 원료를 추가하여 혼합한 화장품이다. 제조 또는 수입된 화장품의 내용물을 소분한 화장품이다. 단, 고형 비누 등 화장품의 내용물을 단순 소분한 화장품은 제외

PART 4

# 피부 기본기 다지는
# 데일리 케어

피부는 신체 기관 중 가장 넓은 부분을 차지하는, 신체와 외부 환경 사이에 존재하는 경계막이다. 외부 환경으로부터 신체 장기를 보호하고 세포와 인체 생장에 필요한 수분을 유지하는 등의 중요한 역할을 담당하지만, 때로 환경 변화와 노화의 정도에 따라 밸런스를 잃고 제 기능을 발휘하지 못하기도 한다. 이러한 변화에 대응해 피부 밸런스와 기능을 유지하는 데 도움을 주는 것이 기초화장품이다.

기초화장품의 사용 목적은 피부의 항상성을 유지해 건강하고 아름답게 가꾸는 데 있다. 세부적으로는 그 기능에 따라 세안, 피부 정돈, 피부 보호 세 가지로 나눠서 생각할 수 있다. 세안은 얼굴의 더러움이나 노폐물을 제거해 청결하게 하는 것, 피부 정돈은 비누 세안으로 상승한 피부의 pH를 정상적인 상태로 되돌리고 계절적인 요인이나 연령 변화에 따라 달라지는 피부결을 가다듬는 것을 말한다. 피부 보호는 표피의 건조를 방지하고 피부결을 매끄럽게 유지하여 추위와 외부 환경 변화로부터 피부를 보호하고 공기 중에 있는 세균과 더러움, 유해 물질 등이 피부에 부착되는 것을 막는 것을 뜻한다.

기초화장품은 종류에 따라 세정, 건조 방지, 자외선 차단, 항산화, 피부 활력 강화 등의 효능을 가진 다양한 성분을 함유하며 미백, 노화 및 주름 방지, 트러블 예방, 탈모 방지, 튼살 완화, 염모 등의 기능을 하는 기능성 제품도 포함된다.

기초화장품이 각각의 기능을 제대로 발휘하기 위해서는 올바른 순서와 사용 방법에 따르는 것이 중요하다. 이를 위해서는 계절, 생활 환경, 나이, 화장품을 사용한 시기, 피부 유형, 화장품의 사용 목적 등이 충분히 고려되어야 한다. 일반적으로 기초화장품의 사용 순서는 제형이 묽은 것부터 점도가 높은 순서로 하는 것이 효과적이다.

# 피부와 pH

    pH는 용액의 산성도 또는 염기성 <sub>알칼리성</sub>을 측정하는 지표로, potential of Hydrogen의 약자이다. 보통 pH 값은 수소 이온 농도의 로그 역수로 정의되며, 0에서 14까지의 범위를 가진다. 피부와 pH의 관계는 피부 건강에 중요한 역할을 하는데 pH 농도 7을 중성으로 보고 그 아래는 산성, 그 위는 염기성 <sub>알칼리성</sub>으로 분류한다. 피부의 pH는 일반적으로 약 4.5에서 5.5 사이로, 약산성을 나타낸다.

    pH 농도는 피부에 많은 역할을 하는데 외부 환경으로부터 자신을 보호하기 위해 자연적인 산성 보호막을 형성하는 것이 첫 번째 기능이다. 이 보호막은 '산성막'이라고도 불리며 주로 피지, 땀, 그리고 죽은 피부 세포로 구성되어 세균, 바이러스, 곰팡이 등의 병원체가 피부에 침투하는 것을 방지한다. 또 적절한 pH는 피부의 수분 보유 능력에 영향을 주어 피부가 수분을 유지하고 건조해지지 않도록 도와준다. 하지만 피부의 pH 균형이 무너질 경우 피부 질환이 발생할 수도 있다. pH가 너무 높아지면 <sub>알칼리성</sub> 피부가 건조해지고 민감해지며 여드름이나 습진과 같은 문제가 발생할 수 있다. 반대로 pH가 너무 낮아지면 <sub>산성</sub> 피부 자극이 증가하고 세포 손상이 발생할 수 있다.

    피부의 pH 균형을 유지하는 것은 건강한 피부를 유지하는 데 필수적이다. 약산성의 pH는 피부를 외부 자극으로부터 보호하고, 촉촉하고 탄력 있는 상태를 유지하는 데 매우 중요한 역할을 하기 때문이다.

피부의 pH는 나이, 외부 환경 등 다양한 요소에 의해 영향을 받는다. 알칼리성 세정제는 피부의 산성막을 손상시켜 pH 균형을 깨뜨릴 수 있으므로 적절한 피부 pH를 유지하기 위해서는 피부 pH에 맞는 약산성 세정제를 사용하여 피부의 보호막을 유지하고, 피부 수분 유지를 위해 보습제를 사용하여야 한다. 또 자외선은 피부의 pH 균형을 깨뜨릴 수 있으므로 자외선 차단제를 사용하여 보호해야 한다. 나이가 들수록 피부의 pH는 알칼리성에 가까워지는 경향이 있으며 환경 오염, 날씨 변화, 자외선 노출 등도 피부 pH에 영향을 미칠 수 있다.

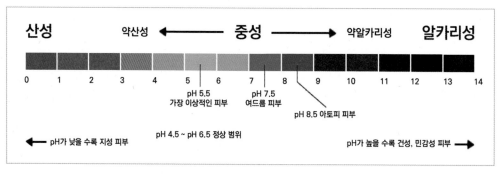

〈pH 지수와 피부〉

# 피부의 보습 메커니즘

우리 몸의 대부분을 차지하는 것은 수분이다. 성인의 경우 체중의 60~75%가 수분으로 유지되고 있다. 생체 수분량은 출생 시에는 약 80%이고 20세 전후에는 75%이지만 나이가 들어감에 따라 점차 감소하여 70세가 되면 60% 정도가 된다.

전신 수분량이 변하면 피부 수분량도 달라진다. 피부 수분량은 피부가 부드럽고 촉촉한 상태를 유지하는 것과 관계가 깊다. 윤기 있고 매끈한 피부 상태를 유지하기 위해서는 각질층에 15~20%, 표피와 진피층에 60~70%의 수분량이 있어야 한다.

각질층의 수분량이 10% 이하가 되면 피부결이 거칠고 건조해진다. 각질층은 외부로부터 과잉 수분이 침투하는 것을 막는 동시에 피부 내부의 수분 상실을 방어하는 역할을 한다. 각질층의 수분량을 일정하게 유지할 수 있는 것은 피지막, 천연 보습 인자 NMF, 세포간지질 덕분이다. 피지막이 피부 표면을 덮어 수분 증발을 방지하고, 세포간지질이 수분을 유지하며, 천연 보습 인자가 수분 증발을 억제하고 수분을 흡인하는 것이 피부 보습의 세 가지 메커니즘이다. 다시 말하면 피지막뿐 아니라 천연 보습 인자나 세포간지질 역시 피부 보습에 중요한 영향을 끼치기 때문에 피부 표면의 피지량이 적어도 천연 보습 인자나 세포간지질의 기능이 활발하여 보완 기능을 발휘하면 각질층 수분은 정상적인 상태를 유지할 수 있다. 반면 피지 분비량이 많더라도 다른 두 요인의 기능이 활발하지 않으면 표피는 번들거리지만, 속 땅김은 심한 피부가 될 수 있다.

각질층뿐 아니라 진피의 수분 보유력도 중요하다. 진피의 히알루론산은 결합수를 만들어 높은 보습 효과를 나타낸다. 히알루론산은 자기 무게의 수천 배에 달하는 물을 저장할 수 있는데, 단백질과 결합하여 대량의 물을 보유한 겔 상태로 섬유 사이를 차지하고 있다. 겔 내의 물이 영양분, 대사물, 호르몬 등을 신체 조직 내로 확산시키면서 피부를 부드럽고 팽팽한 상태로 유지해 준다.

## MINI INFO   보습제의 종류

화장품에 사용되는 보습제는 크게 모이스처라이저 Moisturizer, 휴멕턴트 Humectant, 에몰리언트 Emollient로 분류할 수 있다.

모이스처라이저는 피부에 수분을 보충하거나 유지하도록 하는 성분으로, 피부의 수분 증발을 막아 주며 수분을 공급하여 유연성과 부드러움을 제공한다. 모이스처라이저를 함유한 제품 중 수분을 공급하는 기능에 초점을 둔 제품은 급습제, 수분을 보유하고 유지하는 기능에 충실한 제품은 보습제로 구분할 수 있는데, 대표적인 보습 성분으로는 폴리올류, 천연 보습 인자, 수분을 함유할 수 있는 고분자 물질 등이 있다.

휴멕턴트는 흡습제에 해당한다. 수분을 끌어당기기 때문에 화장품뿐만 아니라 식품 첨가물, 플라스틱 코팅, 담배 제조에도 사용된다. 화장품에 사용되면 공기 중의 수분을 끌어당겨 오랫동안 피부에 머물도록 보존 저장하는 기능을 갖고 있다. 글리세린, 프로필렌글리콜, 글리세릴 트리아세테이트 등이 널리 쓰인다. 휴멕턴트의 단점은 유분기가 없어 건조한 환경에서는 수분 증발이 쉽게 일어난다는 점이다. 이로 인해 오히려 피부 수분까지 외부로 빼앗겨 더 거칠고 메마른 피부 상태가 될 수 있다.

에몰리언트는 연화제, 유연제로도 불리며 피부 표면의 수분 증발을 차단하는 막을 만들어 피부를 부드럽게 한다. 수분을 흡수, 흡인하는 기능은 없지만 수분이 천천히 증발되도록 함으로써 피부를 부드럽게 한다. 건성 피부에 매우 좋으나 복합성이나 지성 피부에 사용하면 트러블을 일으킬 수도 있다. 오일이나 왁스 등이 대표적이며 동물성 오일 라놀린, 에뮤, 밍크, 미네랄 오일, 식물성 오일, 코코아 버터, 지방성 알코올 등이 있다.

# 클렌징 오일 VS 워터 VS 폼

메이크업 시 중요한 것은 화장을 하는 것보다 씻어 내는 것이다. 클렌징은 코로나 19 팬데믹으로 인해 개인의 위생 관리에 대한 중요성이 더욱 부각되면서 많은 사람의 주요 관심사가 되었다. 팬데믹 기간 동안 세계 화장품 시장의 마이너스 성장에도 불구하고 클렌징 관련 제품들은 2~3배 이상의 성장세를 기록하였다.

클렌징 제품은 피부 타입과 개인의 필요에 따라 다양한 종류가 있고 종류마다 특징이 다르므로, 이를 이해하면 자신에게 맞는 제품을 찾는 데 도움이 될 수 있다. 먼저 클렌징 오일은 오일 기반으로, 메이크업과 피지를 부드럽게 녹이고 물에 잘 녹지 않는 화장품이나 자외선 차단제를 제거하는 데 효과적이다. 일반적으로 피부에 자극이 적고 보습 효과가 있어 건성 또는 복합성 피부에 적합하다.

클렌징 워터는 물처럼 가벼운 제형으로, 화장 솜에 묻혀 사용하는 제품에 해당한다. 간편하게 메이크업을 제거할 수 있어 물 세안이 번거로운 상황에서 유용하다. 자극이 적고, 세안 후 피부가 건조하지 않다는 장점이 있기 때문에 모든 피부 타입, 특히 민감한 피부에 적합한 제품이다.

이 외에도 부드럽고 크리미한 질감으로 피부에 자극을 최소화하면서도 효과적으로 클렌징을 할 수 있는 제품으로 클렌징 밀크, 젤 등이 있다. 특히 클렌징 젤은 피부에 부담이 적고 씻어 내기 쉬워 여름철에 인기가 높다.

클렌징 폼은 거품이 나는 제품으로, 클렌징 오일이나 워터, 밀크, 젤 등을 이용한 1차 세안으로 메이크업을 지운 후 잔여물과 피부에 쌓인 피지, 노폐물을 제거하는 2차 세안 용도로 사용한다. 세정력이 좋으며 사용 후 피부가 청결하고 산뜻해지는 느낌을 주어 지성 피부나 여드름 피부의 일상 세안용으로 적합하다. 클렌징 폼은 제품의 종류에 따라 거품의 크기와 질감 등이 다른 것을 알 수 있는데 사실 거품과 세정력은 크게 관련이 없지만, 입자가 큰 거품보다는 작고 조밀한 거품이 클렌징에 조금 더 도움이 된다. 입자가 작을수록 모공 속에 침투하기가 쉽고, 쌓여 있는 노폐물을 효과적으로 씻어 낼 수 있기 때문이다.

# 닥토 VS 찹토

　스킨 또는 토너라 불리는 화장수의 기능은 크게 두 가지다. 첫 번째는 피부에 남아 있을지 모르는 세안제의 잔여물과 피지, 노폐물 등을 가볍게 닦아 내는 것, 두 번째는 피부결을 정돈하고 수분을 공급해 다음에 사용하는 제품이 안정적으로 흡수될 수 있도록 돕는 것이다. 화장수를 사용하는 방법도 이에 따라 두 가지로 나뉜다. 화장 솜에 화장수를 듬뿍 묻혀 닦아 내는 방법, 일명 '닥토'와 손으로 가볍게 두드려 흡수시키는 '찹토'가 그것이다. 찹토는 얼굴에 찹찹찹 소리가 날 정도로 두드려 바른다는 뜻으로, 두 단어 모두 화장수 사용법과 관련된 일종의 신조어다. 닥토에 사용하는 제품은 주로 사용감이 가벼운 토너, 찹토는 어느 정도 점성이 있는 스킨 제품을 사용하는 것이 목적에 부합한다.

　그렇다면 닥토와 찹토, 어느 쪽이 피부에 더 유리할까? 정해진 답은 없지만 피부가 지성이거나 짙은 메이크업을 한 날이라면 닥토를, 피부가 건조하고 예민한 상태라면 찹토를 추천한다. 피부가 건조하고 예민한 타입인데 메이크업을 짙게 했거나 피부 노폐물이 신경 쓰인다면 찹토로 사용하던 점성 있는 스킨 제품을 화장 솜에 충분히 덜어 닥토로 사용해 보자. 닥토를 주로 하던 피부가 유난히 건조하거나 각질이 일어났다면 스킨을 적신 화장 솜을 건조한 부위 또는 각질 부위에 얹어 두는 것도 도움이 될 수 있다.

**MINI INFO  스킨이나 토너를 바를 때는 꼭 화장 솜을 써야 할까?**

결론적으로 말하면, 맨손으로 스킨을 발라도 되고 화장 솜을 이용해서 발라도 된다. 피부가 연약하거나, 피부 부담을 줄이고 더 강한 보습감을 느끼고 싶다면 손으로 직접 바른 다음 가볍게 얼굴 전체를 손바닥으로 감싸 흡수시킨다. 묵은 각질을 관리하고 싶거나 산뜻한 사용감을 원한다면 화장 솜을 이용하여 닦아 내듯 바르는 것이 도움이 될 수 있다.

# 로션과 크림으로 하는
# 초간단 마사지

피부 관리는 피부과 병원이나 전문 피부 관리실을 방문하여 서비스를 받는 것이 가장 효과적일 수 있지만, 두 가지 모두 많은 시간과 비용을 필요로 한다는 점에서 접근이 쉽지만은 않다. 대안으로 간단하게 로션이나 크림을 활용해서 집에서 스스로 할 수 있는 관리 방법을 알아 두자. 이때 효과적인 것이 롤러나 롤링 마사지기다. 롤링 마사지는 피부를 자극하여 혈액 순환을 촉진하고 림프 배출을 도와 부기 감소 및 피부 탄력을 증가시키는 데 도움이 된다.

롤러는 사용 전후 깨끗이 세척하고, 위생적으로 관리한다. 사용 전 냉장고에 보관하여 차갑게 두면 더욱 효과적이다. 세안 후 토너를 사용해 피부를 정돈한 다음 세럼, 오일, 크림 등을 발라 롤러가 부드럽게 움직일 수 있도록 준비한다.

마사지의 포인트는 이마, 볼, 턱, 목 등이며 각각 스트레스 해소와 안면 근육 이완, 얼굴 피부 탄력 증진, 이중 턱 예방과 개선, 목주름 예방과 목 근육 이완 등의 효과를 얻을 수 있다.

마사지의 순서는 ① 목의 아랫부분에서 위로, 중력 반대 방향으로 3~5회 반복해서 롤링한다. ② 그런 다음 턱 중앙에서 귀 쪽으로 턱선을 따라 롤러를 움직여 부기를 빼

준다. ③ 입가에서 시작해 귀 쪽으로 롤링하되 광대뼈 아래와 위를 각각 롤링하여 혈액 순환을 촉진한다. ④ 눈 주위는 피부가 연약하므로 손이나 작은 롤러를 사용하는 것이 효과적이다. ⑤ 마지막으로 이마 중앙에서 바깥쪽으로, 눈썹 위와 이마 가장자리를 각각 롤링한 다음 얼굴 전체를 한 번 더 롤링하여 모든 부위가 고르게 마사지 되도록 한다.

롤러 같은 마사지 도구가 없다면 손을 활용하여 마사지할 수도 있다. ① 먼저 얼굴에 크림 또는 세럼을 바른 다음 이마의 중심에 손바닥을 대고 위쪽으로 천천히 당겨준다. ② 눈가의 피로가 심할 경우 관자놀이 주변과 눈꺼풀까지 마사지하되 이때 관자놀이에서 위로 압을 가하면서 천천히 눌러 준다. ③ 광대뼈 아랫부분도 손으로 꾹 눌러 안쪽에서 바깥쪽을 향하여 천천히 마사지하고, ④ 마지막으로 쓸어내리듯 마사지한다. 손바닥으로 얼굴을 가볍게 쓸어주는 것만으로도 혈액 순환과 림프 순환을 원활히 해 진정과 긴장 완화에 도움이 된다. 쓰다듬기는 마사지의 시작과 마무리 단계에 한 번씩만 해 주면 된다.

문지르는 방법으로 마사지를 하면 피지선의 기능을 원활하게 하고 긴장된 근육을 이완시키는 데 효과적이다. 단, 얼굴을 세게 압박하거나 긁는 것은 오히려 피부에 부담을 줄 수 있으니 근육에 무리가 가지 않는 수준으로 부드럽게 하는 것이 중요하다.

# 팩의 효과와 종류

팩은 여러 가지 재료를 피부에 도톰하게 발라 피막을 형성하고, 일정 시간 경과 후 제거하는 방식으로 사용하는 다양한 제형의 제품을 말한다.

팩은 노폐물과 피지, 블랙헤드, 탈락하지 못한 각질이나 오염물 등이 팩 제거 시에 함께 탈락하여 클렌징 효과를 발휘한다. 보습 효과도 지니는데, 일시적으로 피부와 바깥 공기를 차단해 수분 증발을 억제하고 각질층에 수분 함량을 증가시키는 원리다. 팩제에 함유된 보습 성분이 피부를 더 부드럽고 촉촉하게 만들 수 있다. 피지 관리와 진정에 효과적인 성분을 첨가한 팩은 성인 여드름과 뾰루지 등의 트러블 진정 효과를 기대할 수 있다.

팩을 하는 동안 심리적 안정감과 편안함을 느끼는 부수적 효과도 얻을 수 있다. 마스크를 떼어 내고 난 후에는 산뜻하고 맑은 기분으로 리프레시 할 수 있다.

피부 타입에 따라 적절한 종류와 제형을 선택하는 것도 중요하다. 대중적으로 많이 사용하는 시트 마스크는 피부에 직접 붙이는 일회용 시트로, 수분과 영양을 공급하는 데 효과적이다. 워시 오프 타입 팩은 피부에 바른 후 일정 시간이 지나면 물로 씻어 내는 타입으로, 각질 제거나 피부 정화에 좋다. 마지막으로 슬리핑 마스크가 있다. 잠자리에 들기 전 발라 밤새 흡수시키는 타입으로, 수분 공급과 피부 진정에 도움이 된다.

피부 타입에 맞는 제형의 팩을 선택하여 꾸준히 사용하면 피부 건강을 유지하고 개선하는 데 도움이 된다. 건성 피부는 수분 공급과 유지에 효과적인 크림 제형이, 지성 피부는 젤 타입이나 가벼운 로션 제형의 제품이 산뜻하게 사용하기 좋다. 진흙 제형의 팩은 각질 제거와 피지 흡착 능력이 뛰어나 지성 피부에 좋다. 민감성 피부는 자극이 적은 제품을 선택하는 것이 중요하다. 특히 향료 등 알러지 유발 가능성이 있는 성분을 함유하지 않은 제품을 추천한다. 복합성 피부는 T존은 젤 타입, U존은 크림 타입을 사용하여 피부의 균형을 맞추는 것이 좋다. 단, 염증, 발진이 있는 피부는 부작용의 우려가 있으니 팩 사용을 피하는 편이 안전하다.

## MINI INFO  세계 최초의 팩

로마의 황제 네로의 아내 포파에아 사비나는 벌꿀, 곡물, 빵 부스러기 등을 섞어 뷰티 마스크를 만들었는데, 워낙 독특한 마스크여서 후대 사람들은 이를 '포파에아 마스크'라고 불렀다고 한다. 사비나는 밤새 호화로운 마사지를 받고 난 다음 날 아침 나귀의 젖으로 그 마스크를 닦아 냈다고 한다. 그녀는 나귀 우유로 목욕을 한 문헌상 최초의 인물이기도 하다. 로마 역사서 《박물지》에는 '나귀 젖은 얼굴의 주름을 없애고 하얀 피부를 유지해 준다'라고 기록되어 있다. 사비나는 평소 500여 마리, 여행할 때는 50여 마리의 암나귀를 미용용으로 데리고 다녔다고 한다.

오늘날 피부과나 피부 관리실에서는 각질 제거를 위해 우유 대신 과일 산 AHA 을 사용하는데, 이 또한 아주 오래전부터 피부 미용에 애용되어 온 성분이다. 과일산은 자연적으로 과일, 우유, 설탕 등의 식품에서 추출한 산 성분으로 피부 각질 제거, 피부 톤 개선, 주름 완화 등의 효과가 있다.

# 일일 일 팩, 매일 해도 괜찮을까?

"매일 팩을 한다는 건 그만큼 피부 관리에 공을 많이 들인다는 뜻인데 당연히 좋은 것 아닌가요?"

연예인들의 피부 관리 비법으로 일일 일 팩이 유행하면서 그 효과와 사용법에 대해 논란이 계속되던 시점이었다. 우리나라의 한 화장품 회사가 중국 시장에 유명 연예인들의 미용 비법으로 소개한 일일 일 팩의 개념은 중국 시장을 넘어 아시아 전역으로 전파되었고, 이는 또다시 국내로 유입되어 대중적인 인기를 끌었다. 하나씩 개별 포장되어 언제 어디서나 간편하게 사용할 수 있는 시트 팩은 여행자들의 필수품이기도 했다. 다양한 외부 환경 변화에 노출되어 지치고 피로해진 피부를 진정시키기에 안성맞춤인 데다 휴대까지 간편해 여행 전문가조차 아시아 지역을 방문할 때 현지인들에게 가장 인기 있는 선물로 '시트 팩'을 꼽았을 정도였다. 이런저런 이유로 팩은 대한민국 화장품 산업을 글로벌 무대에 알리는 데 혁혁한 공을 세운 일등 공신이었음은 두말할 나위가 없다.

그럼에도 일일 일 팩의 효과에 대한 확신에 찬 질문에 반은 맞고 반은 틀리다고 대답할 수밖에 없는 이유는 무턱대고 고농축 영양 성분을 함유한 팩 제품을 매일 사용하는 것에 대한 피부 부담을 고려하지 않을 수 없기 때문이다. 앞서 이야기한 것처럼 우리 피부는 날씨와 계절, 환경, 호르몬 변화, 컨디션과 건강 상태 등에 민감하게 반응하는 인체 조직이기에 이를 고려하지 않은 무분별한 제품 사용은 '관리'가 아닌 '남용'이 될 수도 있다는 점을 기억해 두자.

매일 팩을 하고 싶다면 피부 상태에 따라 적절한 제품을 골라 사용하는 지혜도 필요하다. 피부가 유난히 건조하고 푸석푸석하다면 보습 성분의 팩을, 칙칙하고 어둡게 느껴진다면 화이트닝 효과의 팩을 선택하는 식이다. 피지 분비가 많고 모공이 걱정이라면? 무턱대고 시트 팩을 고집할 것이 아니라 클레이 팩과 같이 씻어 내는 타입의 팩을 선택하는 것이 모공 케어에 효과적이다.

사용하던 화장품의 단계를 줄여 보는 것도 도움이 된다. 세안 후 스킨 또는 토너로 피부결을 정돈하고 로션 단계를 생략한 채 팩을 하는 식이다. 팩을 떼어 낸 다음도 중요하다. 팩제에는 이미 고농축 영양 성분이 충분히 들어 있으므로 에센스나 앰플 등의 고기능성 제품은 생략하고, 피부에 남아 있는 팩제의 남은 잔여물을 톡톡 두드려 충분히 흡수시킨 다음 크림을 얇게 덧발라 마무리한다. 의외로 팩을 사용한 후 크림을 바르지 않아도 된다고 생각하는 사람들이 많은데, 크림은 피부에 흡수된 수분과 영양 성분을 지켜 주는 보호막 역할을 하는 제품이므로 수분감이 높고 흡수가 빠른 가벼운 제형의 크림 제품을 선택한다면 피부 부담은 줄이면서 팩의 효과를 보다 충분히 누릴 수 있을 것이다.

시트 팩의 경우 포장재에 걸쭉한 팩제가 많이 남아 있는데, 그냥 버리기엔 너무 아까우므로 팩의 하단부 모서리를 작게 잘라 구멍을 낸 후 남은 팩제를 짜내어 목이나 팔 등에 듬뿍 발라 보자. 하지만 팩제를 따로 모아 두었다가 나중에 바르는 것은 오염될 염려가 있어 그다지 추천할 만한 방법은 아니다.

# 여름에도 크림을 발라야 할까요?

"덥고 끈적끈적해 죽겠는데 꼭 크림까지 발라야 해?"

피부에 크림을 바르는 목적은 수분을 유지하고 표면을 부드럽게 하는 등 피부 건강을 도모하는 데 있다. 여름에는 땀으로 수분이 많이 빠져나가기도 하고 선풍기, 에어컨 등 냉방 기구로 인해 피부가 건조해진다. 그럼에도 여름철에 피부가 건조하거나 땅긴다는 느낌을 받지 않는 것은 높은 기온 때문에 땀이 피부를 촉촉하게 적시고, 피지 분비량이 늘면서 표면적으로 건조해 보이지 않기 때문이다. 그래서 크림을 바르지 않는 실수를 하게 되는 경우가 많다.

결론부터 말하자면, 피부 건강의 기본인 수분과 유분 밸런스를 맞추기 위해서는 여름에도 크림을 발라야 한다. 에센스나 세럼, 로션 등이 피부에 유분과 수분을 공급하는 역할을 한다 해도 공급된 수분의 증발을 막고 피부를 보호하는 효과는 크림이 더욱 우수하기 때문이다.

크림의 보습 메커니즘은 제형에 따라 조금 다를 수 있다. 젤처럼 묽은 제형의 수분 크림은 수분을 공급하여 피부를 촉촉하게 하는데, 사용감이 산뜻해 20~30대의 젊은 연령층 또는 유분이 많아 피부가 기름진 사람에게 잘 맞는다. 반면 쫀득하고 되직한 제형의 영양 크림은 밀폐력이 좋아 피부 바깥쪽에 막을 형성하므로 피부의 수분이 날아가지 못하게 하는 효과가 있고, 피부 보호 효과 또한 수분 크림보다 우수하다. 다만 두터운 발림성과 끈적임으로 인해 여름에는 답답하게 느껴질 수 있다.

**MINI INFO   미인은 왜 잠꾸러기일까?**

일반적으로 우리 몸의 재생 활동이 가장 왕성하게 일어나는 시기는 밤 10시부터 새벽 2시까지로 알려져 있다. 바쁜 현대인들이 이처럼 이른 시각에 잠자리에 들기는 어렵지만, 늦어도 자정 전에는 잠자리에 드는 것이 피부 건강에 도움이 된다.

숙면은 우리 몸의 세포가 노폐물을 배출하고 새로운 영양을 받아들여 세포 분열과 재생을 촉진하며 다음 날 활동할 수 있는 에너지를 축적하는 비결이다. 적절한 수면 시간을 확보하는 것은 피부의 건강에도 많은 도움이 될 수 있다.

# 용량이 적고 비싼 에센스와 앰플,
# 꼭 사용해야 하나요?

사람들은 저렴한 화장품을 듬뿍 바르는 것이 좋은지, 비싼 화장품을 쓰는 것이 더 효과적인지 궁금해한다. 일반적으로 크림, 스킨, 토너 등은 가격이 저렴한 반면 에센스와 세럼, 앰플 등의 화장품은 상대적으로 용량이 적고 가격도 비싸다. 그런데 과연 이런 에센스와 앰플은 가격이 비싼 만큼 효과도 좋은 것일까?

에센스와 세럼, 앰플의 공통적인 특징은 탄력과 주름 개선, 미백 등에 도움이 되는 유효 성분이 고농축 함유되어 있다는 점이다. 이 중 에센스와 세럼은 사실상 비슷한 개념으로 사용되고 있으며, 에센스 Essence 는 본질, 정수를 뜻하는 명칭에서 알 수 있듯 성분의 에센셜한 기능에 초점을 맞춰 이름이 붙여진 것일 뿐 기능적으로는 세럼 Serum 의 일종으로 보아야 한다. 인터넷에 떠도는 이야기처럼 두 제품의 제형이나 사용 순서, 기능상에 차이가 있다고 보기는 어렵다.

앰플은 긴급한 피부 관리나 즉각적인 효과가 필요할 때 사용하면 효과적이다. 세럼보다 유효 성분이 농축된 형태로, 아주 소량으로도 강력한 효과를 발휘하기 때문에 짧은 기간 내에 빠른 피부 개선을 위해 사용하는 스페셜 케어 제품으로 분류할 수 있다. 이처럼 농축된 고영양 성분의 함량으로 인해 이들 제품은 다른 기초화장품류보다 상대적으로 가격이 비싸게 책정되는 것이다.

# 생각보다 많이, 지울 때는 깨끗이:
# 자외선 차단제

자외선으로 인한 피해를 막기 위해서는 본인의 피부 상태와 환경, 생활 패턴에 맞는 자외선 차단제를 선택하는 것이 중요하다. '그냥 차단 지수가 높은 제품을 선택하면 되지 않을까?' 생각하기 쉽지만, 자외선 방지 효과가 높을수록 피부 부담도 커진다. 지나치게 차단 지수가 높은 제품은 그만큼 피부에 자극이 될 가능성이 높으므로 상황에 맞는 적절한 수준의 제품을 사용할 것을 권한다.

일반적인 실내 조명에서는 자외선이 거의 방출되지 않으므로 실내에서까지 굳이 자외선 차단 제품을 바를 필요는 없다. 하지만 자외선은 유리창을 뚫고 들어올 정도로 파장이 강하기 때문에 낮 시간대 해가 잘 드는 실내에서는 자외선 차단제를 바르는 것이 좋다.

자외선 차단제 바를 때는 약 $2mg/cm^2$ 정도의 양이 적당한데, 일반적으로 오백 원짜리 동전 크기의 양 정도를 덜어 도톰하게 바른다.

자외선 차단제를 두껍게 바르다 보면 텁텁하고 무거운 느낌을 받거나 화장이 밀리고 백탁 현상이 생기기도 한다. 이는 자외선 차단제 중 산란제에 들어 있는 파우더 입자 때문에 생기는 현상이다. 빛을 산란시키는 나노 물질이 많이 들어가면 사용감이 뻑

뻑하거나 하얗게 백탁 현상이 나타날 수 있다. 이럴 경우에는 대안으로 '겹쳐 바르기'를 추천한다. 자외선 차단제는 제형이 다른 제품을 단계화해서 바를 때 훨씬 더 높은 차단력과 지속력을 기대할 수 있다. 따라서 자외선 차단 기능의 파운데이션이나 BB크림을 바르더라도 별도의 자외선 차단제를 먼저 사용하는 것이 좋다. 색재가 사용된 베이스 메이크업 제품은 사용 목적상 얇고 가볍게 발라야 하므로 충분한 자외선 방어 효과를 기대하기 어려울 수 있기 때문이다. 메이크업 전 프라이머 효과의 자외선 차단제를 바르는 것도 도움이 된다.

스프레이 타입의 자외선 차단 제품은 미세한 입자가 분무 되는 형식이라 호흡기 점막을 통해 몸으로 흡수될 가능성이 크다. 게다가 분사제와 차단제가 섞여 나와 같은 양을 뿌려도 효과가 미약하다. 분사된 입자가 실내 어디까지 날아갈지 모르니 타인을 위해서라도 조심히 사용할 필요가 있다.

자외선 차단제는 바르는 만큼 지우는 것도 중요하다. 자외선 차단제 사용 후 세안을 제대로 하지 않아 잔여물이 남아 있을 경우 모공이 막혀 피부 호흡을 방해할 수 있다. 모공이 막히면 피부가 기름지고 민감해져 변포나 블랙헤드, 화이트헤드가 생성되거나 주름이 빨리 생길 수 있다. 자외선 차단제는 수성 클렌저로는 말끔히 지우기 어려우므로 유성 클렌저인 클렌징 밤이나 밀크, 오일을 이용하여 부드럽게 제거하고 클렌징 폼으로 2차 세안한다. 옷이나 모자 등에 자외선 차단제가 묻었을 때도 클렌징 오일로 닦아 낸 다음 클렌징 폼으로 지우면 된다.

# 자외선 차단제 읽기, SPF와 PA

선크림을 구매할 때면 그 제품이 얼마나 효과적으로 자외선을 차단하는지, 또 어떤 종류의 자외선을 차단할 수 있는지 확인하기 마련이다. 자외선에는 A UVA, B UVB, C UVC 3종류가 있다. 그중 UVC는 오존 등의 대기층에 흡수되어 지표까지 도달하지 않지만, 파장이 긴 UVA와 UVB는 지표까지 도달해 피부에 다양한 악영향을 끼친다. UVA는 피부 깊숙한 곳까지 침투해 주름과 멜라닌 색소를 증가시키며 UVB는 기미, 주근깨, 검버섯의 원인이 된다. UVB에 장시간 노출되면 일광 화상을 입기도 한다.

자외선 차단 지수를 표시하는 SPF는 Sun Protection Factor의 약자로, 일광 차단 지수 또는 자외선 차단 지수라고 불리는데, 1978년 미국에서 SPF에 관한 기준이 만들어진 후 세계 각국에서 이를 따르고 있다. PA는 Protection Grade of UVA의 약자로, 자외선A UVA 로부터 피부를 보호하는 능력을 나타내는 지수다.

SPF는 자외선에 의해 일어나는 햇볕에 의한 일광화상 Sun Burn 의 예방 효과 정도를 나타낸다. 일광화상은 주로 UVB 중파장 자외선 에 의해 일어나기 때문에 SPF는 UVB의 방지 효과를 나타낸다고 할 수 있다. 즉 SPF 지수란 자외선B로부터 피부를 손상하지 않고 보호할 수 있는 시간을 의미하며 SPF의 값이 30, 40, 50으로 커질수록 UVB의 방지 효과는 30배, 40배, 50배로 커진다. 최곳값은 50이며 51 이상의 제품은 SPF 50+로 표시된다. 예를 들어, SPF 30이라면 30배의 UVB를 받을 때까지 피부가 붉어지지 않는다는 의미가 된다. 아무것도 바르지 않으면 20분 정도 지났을 때 피부가 붉어지는 사람일 경우 SPF 30의 선크림을 바르면 20분×30배=600분, 즉 10시간 동안 붉어지지 않는다고 볼 수 있다.

PA란 UVA 장파장 자외선의 방지 효과 정도를 나타낸다. 방지 효과의 정도는 +, ++, +++, ++++ 4종류로 나타내며 +가 많을수록 방지 효과는 높아진다. 예를 들어, PA+는 아무것도 바르지 않았을 때에 비해 약 2~4배, PA++는 약 4~8배, PA+++는 약 8~16배, PA++++은 16배 이상의 자외선 차단 효과가 있다고 보면 된다.

그런데 야외 활동을 하다 보면 이론과 달리 자외선 차단제를 충분히 발라도 기대한 만큼의 자외선 차단 효과를 얻지 못하는 경우가 대부분이다. 이는 땀이나 물, 외부 환경 등에 자외선 차단제가 지워지거나 밀려 나가기 때문이다. 따라서 등산, 물놀이 등의 야외 활동을 할 때에는 2시간마다 한 번씩 덧바르고, 모자 등 햇볕을 차단할 수 있는 아이템을 추가로 사용하는 것이 현명한 방법이다.

# 미백 기능성 화장품,
# 자외선 차단제와 함께 바르세요

 자외선 차단의 역사는 문명의 역사만큼이나 오래되었다. 고대 이집트인들은 쌀겨나 재스민 추출물을 이용하여 자외선 차단제를 만들었다. 아프리카 원주민들이 피부 보호를 위해 사용하는 시어버터나 브로콜리 성분, 아보카도 오일 등도 어느 정도 자외선 차단 효과가 있다고 알려져 있다.

 미백 화장품과 자외선 차단제는 피부 관리에 있어 중요한 역할을 한다. 두 제품 모두 피부를 보호하는 데 중점을 둔다는 공통점을 지닌다. 차이점은 작용 원리인데, 미백 화장품은 피부의 멜라닌 생성을 억제하거나 기존 멜라닌을 분해하여 피부를 밝게 하는 데 초점을 맞춘 반면 자외선 차단제는 피부에 자외선이 도달하는 것을 막아 피부 노화와 손상을 예방한다. 미백 화장품에는 피부 미백에 도움이 되는 성분이, 자외선 차단제에는 자외선을 막아 주는 성분이 포함되어 있으며, 이는 식품의약품안전처의 고시 성분으로 등록이 되어 있다.

 자외선 차단제는 자외선을 차단하는 방식과 성분에 따라 화학적 차단제와 물리적 차단제로 구분된다. 물리적 자외선 차단제는 자외선을 반사하고 산란시켜 피부로부터 자외선을 차단하는 원리며, 산화아연과 이산화티탄이 주로 사용된다. 유지력이 좋고 피부에 자극이 적어 민감한 피부에 적합한 장점을 지니는 반면 사용감이 무겁고 백탁 현상이 생길 수 있다.

화학적 자외선 차단제는 자외선을 흡수하는 성분이 자외선을 열에너지로 변환시키는 화학적 작용으로 자외선을 차단한다. 주요 성분으로는 옥토크릴렌Octocrylene, 옥틸 디메틸 PABA, 옥틸 메톡시신나메이트 등이 있다. 사용감이 가볍고 투명하며 물리적 자외선 차단제에 비해 발림성이 좋고 백탁 현상이 없는 장점이 있으나 피부에 다소 자극을 줄 수 있고 일부 성분은 환경에도 영향을 줄 수 있는 것으로 보고되고 있다.

**MINI INFO** **검버섯은 왜 생기는 걸까?**

자외선은 피부의 멜라닌 생성을 촉진하여 어두운 반점을 유발할 수 있다. 그중 노인성 색소반이라 불리는 검버섯은 나이가 들어감에 따라 그 양과 범위가 점차 증가하는데, 자외선이 가장 큰 원인이지만 가족력이 영향을 미치기도 한다. 나이가 들면서 피부의 멜라닌 분포 불균형이 심해질 수 있으며 임신, 폐경, 피임약 복용 등으로 인한 호르몬 변화 역시 멜라닌 생성을 증가시켜 검버섯을 유발할 수 있다. 특히 에스트로겐과 프로게스테론의 변화가 영향을 미칠 수 있다.

검버섯은 자외선 차단제를 잘 바르고 비타민C, 나이아신아마이드, 알부틴, 코직산 등의 미백 성분이 포함된 제품을 사용하는 것으로 어느 정도 예방할 수 있다. 정기적으로 각질을 제거하면 피부 재생이 촉진되어 검버섯이 옅어질 수 있다. 단, 너무 자주 각질을 제거하면 피부가 민감해질 수 있으므로 주의가 필요하다. 레이저 시술을 통해 멜라닌을 파괴하고 검버섯을 제거하는 방법도 있다. 색소 침착 부위 관리에 대해서는 p.249에서 보다 상세히 다루도록 한다.

# 보디 오일 VS 로션 VS 밤

    피부의 대부분은 몸에 분포되어 있으므로 피부의 적절한 수분 관리를 위해서는 얼굴뿐만 아니라 몸의 피부를 위한 전용 제품을 잘 사용하는 것도 중요하다. 보디용 제품의 종류와 특징을 살펴보자.

    먼저 보디 오일은 피부에 유분막을 만들어 수분이 날아가지 않도록 잡아 주는 역할을 한다. 제품 특성상 유분 함량이 높은 제형이므로 건조한 피부보다는 수분을 머금은 피부에 더 효과적이며, 샤워 후 물기를 닦지 않고 수분이 남은 상태에서 바를 것을 권한다. 보습 로션이나 크림과 함께 사용하면 수분 유지에 효과적이지만 민감한 피부나 알레르기성 피부라면 반드시 사전 테스트를 통해 반응을 확인하도록 한다. 특히 향이 있는 오일은 알레르기 반응 등을 일으킬 수 있으니 향에 민감한 사람은 가벼운 향의 제품을 사용하는 것이 좋다. 오일을 바른 채 햇볕에 노출되면 광 독성 반응이 나타날 수 있으므로 보디 오일을 바른 후에는 자외선 차단제를 덧발라 피부를 보호해야 한다.

    보디 로션은 얼굴에 바르는 모이스처라이저와 비슷한 역할을 한다. 보습 성분이 피부 수분을 채우고 부드러운 보습 막을 형성해 보디 피부를 촉촉하게 유지하도록 돕는다. 미끈거림이나 끈적임이 적어 산뜻하게 사용할 수 있고 여러 번 덧바를 수 있는 것이 장점이다. 보습력을 높이기 위해 보디 오일과 함께 사용할 경우 보디 오일을 먼저 사용한 다음 보디 로션을 바르면 된다.

보디 크림은 친수성 원료와 친유성 원료를 함께 사용하고 있어 흡수가 빠르고 수분 유지력도 좋은 편이다. 반면 보디 밤은 오일을 주성분으로 하므로 물과 섞이기 어렵고 피부에 흡수되기보다는 표면에 남아 건조해지는 것을 막아 주는 역할을 한다. 겨울철 피부가 쉽게 건조해진다면 크림보다 수분 유지 효과가 뛰어난 밤이 적합하다.

일반적으로 밤은 수분이 거의 들어가 있지 않아 약간 딱딱한 질감을 가지고 있지만 피부에 바르면 체온에 녹아 의외로 부드럽게 펴 발린다. 부드러운 텍스처를 원한다면 수용성 성분이 들어간 제품을 선택하면 좋다. 피부의 수분 증발을 막고 보습 효과를 더하고 싶다면 세라마이드 등이 배합된 바세린을 선택하는 것도 좋은 방법이다.

## MINI INFO   SOS! 겨울만 되면 다리의 피부가 허옇게 일어나요

날씨가 쌀쌀하고 건조해지면 건강하던 피부도 건조증이 생기기 쉽고, 심할 경우 건성 습진으로 발전하기도 한다. 반복되는 하얀 각질의 원인은 피부 장벽의 변화나 불균형에 있다. 기온과 대기 중의 습도가 낮아지면 피부를 보호해야 할 장벽이 건조하고 약해져 피부 속 수분까지 증발해 버린다. 상황이 지속되면 피부가 민감해지고 각질이 하얗게 들뜨게 되는 것이다. 따라서 피부 장벽과 각질층을 건강하게 만들기 위해선 보습에 집중하는 것이 매우 중요하다.

각질을 방지하고 피부를 촉촉하게 유지하기 위해서는 약산성의 보디 클렌징 제품을 사용하고 피부 장벽을 구성하는 성분인 세라마이드, 콜레스테롤, 자유 지방산 세콜지 등이 복합적으로 구성된 보습제를 사용하는 것이 방법이다. 수분을 충분히 섭취하고 단백질과 지방, 비타민, 무기질 등이 고르게 들어 있는 균형 잡힌 식단으로 피부 장벽을 강화해 피부 본연의 힘을 길러 주는 것도 중요하다.

# 제모 후 피부가 붉어졌어요

　미용을 목적으로 신체의 불필요한 부분의 털을 제거하는 제모는 오늘날 필수적인 에티켓이 되었다. 제모의 방법으로는 면도기나 핀셋을 이용한 일시적 제모와 화학 성분을 첨가한 액체 연고, 크림, 로션, 거품 형태의 제품으로 털을 용해시키는 화학적 제모, 왁스 Wax 를 사용해 모근부터 제거하는 왁싱, 모근에 레이저를 조사하는 반영구적 제모 등이 있다.

　어떠한 제모법이라도 자칫 피부에 자극을 주어 모낭염이나 피부 트러블을 유발할 수 있으므로 주의를 기울여야 한다. 제모 크림 사용 시에는 패치 테스트를 통해 크림이 피부에 자극적이지 않은지 확인하는 것이 바람직하다. 특히 제모를 많이 하는 여름철에는 제모 부위가 자외선에 노출되면 색소 침착이 생길 우려가 있다. 제모 직후 자외선 노출은 피하는 것이 좋으며, 쿨링 효과가 있는 로션을 발라 피부를 진정시키도록 한다.

　피부에 상처 또는 피부염이 있거나 정맥류 등 혈관에 이상이 있는 경우, 일광으로 홍반이나 화상을 입은 경우, 당뇨병이나 간질 환자, 모세혈관 확장증이 있어 민감한 경우는 제모를 금해야 한다.

# 비누로 머리를 감아도 될까요?

비누로 머리를 감는 것은 가능하지만 권장하진 않는다. 건강한 모발의 pH는 4.5~5.5 수준이지만 일반적으로 비누는 높은 세정력을 유지하기 위해 pH 7 이상의 알칼리 상태로 출시되어 두피와 모발에 적합하지 않을 수 있다. 일반 비누로 머리를 감으면 모발이 뻣뻣해지는 현상이 나타나는 이유는 비누의 강한 알칼리성이 모발의 큐티클을 손상시키기 때문이다. 큐티클은 단백질, 수분, 멜라닌 색소, 지질로 구성되어 모발을 보호하고 건강을 유지하는 중요한 역할을 한다. 머리숱이 많은 사람의 경우에는 비누로 머리를 감으면 비누 잔여물이 두피에 그대로 남아 모낭의 산소 공급을 방해하고 두피 건강에 악영향을 끼쳐 탈모나 비듬을 일으킬 수 있다. 이 때문에 두피와 모발 건강을 위해서는 적절한 샴푸 사용을 권장한다.

샴푸가 두피 또는 모발에 작용하는 원리는 주로 음이온성 계면활성제로 이루어진 샴푸 분자가 오염 물질 주변을 둘러싸 오염 물질을 모발에서 분리한 다음 잘게 쪼개 물속으로 녹이는 것이다. 헤어 전문 제품인 만큼 두피와 모발의 지나친 탈지를 억제하면서도 세정력을 발휘해 모발에 광택과 유연성을 부여하고 비누에 비해 두피, 모발, 눈에 자극이 적다는 특징이 있다.

최근에는 적절한 pH 수준의 샴푸바도 많이 출시되고 있다. 모발이 뻣뻣해지는 기존 비누의 단점을 보완했을 뿐만 아니라 플라스틱 포장재의 사용을 줄이는 등 환경 보호 측면에서 긍정적인 소비를 가능케 하는 아이템으로 주목받는 추세다.

그렇다면 나에게 맞는 샴푸는 어떻게 고르는 것이 좋을까? 중요한 것은 자신의 두피 유형을 아는 것이다. 중성 두피는 약산성 샴푸를 사용하여 두피의 pH 균형을 유지하는 것이 좋다. 지성 두피는 피지 분비가 많으므로 글루코사이드계 또는 아미노산계 계면활성제와 같이 자극이 적으면서도 세정력이 좋은 샴푸를 선택하면 효과적이다. 건성 두피는 보습력이 높은 샴푸를 사용하면 두피와 모발에 수분을 공급하는 데 도움이 된다. 민감성 두피는 순한 성분의 저자극 샴푸를 사용해야 한다. 탈모가 걱정되는 두피라면 탈모 방지 효과가 있는 기능성 샴푸를 사용하여 두피 건강을 개선토록 한다.

**MINI INFO  샴푸 브러시, 효과 있나요?**

샴푸 시 두피 마사지는 두피 건강과 전반적인 헤어 케어에 많은 도움을 준다. 두피의 혈액 순환을 촉진하여 모낭에 영양분과 산소를 공급하며, 모발 성장을 촉진하고 건강한 두피 환경을 유지하는 데도 중요하다. 샴푸 시 다음과 같은 방법으로 마사지하면 된다.

먼저 적당량의 샴푸를 손바닥에 덜어 손으로 문질러 거품을 만든 다음 머리카락 전체와 두피에 골고루 바른다. 그런 다음 손가락의 지문 부위로 두피를 마사지한다. 이때 손톱을 사용하면 두피에 상처가 나거나 자극을 줄 수 있으니 주의해야 한다. 마사지는 원을 그리듯이 두피를 부드럽게 문지르는 방법으로 한다. 귀 뒤쪽에서 시작해 정수리 방향으로 원을 그리며 올라가되 전두부, 측두부, 후두부 등 두피의 모든 부위를 적당한 압력으로 3~5분 정도 골고루 마사지하면 된다.

최근에는 샴푸 브러시를 사용하는 경우가 늘고 있는데 샴푸 브러시는 손으로만 마사지했을 때보다 구석구석 세정하기 쉽고 두피의 각질과 비듬 등을 효과적으로 제거할 수 있으며, 샴푸 후 사용하는 트리트먼트 제품의 흡수에도 도움을 준다. 적당한 굵기와 강도의 브러시를 사용하면 두피 마사지 효과도 뛰어나다. 단, 너무 강하게 문지를 경우 오히려 두피에 자극을 줄 수 있으므로 유의해야 한다. 사용 후 청결하게 관리하지 않으면 두피 위생에 좋지 않은 영향을 줄 수 있으므로 깨끗이 헹군 후 잘 말려 둔다.

# 린스 VS 트리트먼트

린스와 트리트먼트는 모두 두피와 머리카락의 상태를 개선하고 건강하게 유지하는 목적으로 사용되지만 용도와 기능에 약간의 차이가 있다. 린스는 일상적인 관리에, 트리트먼트는 특별한 케어나 손상 회복이 필요할 때 적합하다.

린스Rinse는 샴푸 후 머리카락을 부드럽게 하여 엉킴을 방지하는 용도의 제품으로, 머리카락의 큐티클을 일시적으로 코팅하여 빗질이 쉽도록 해준다. 또한, 정전기를 줄여 머리카락이 날리는 것을 방지하고 외부 자극으로부터 보호하는 기능이 있다.

트리트먼트Treatment는 모발 관리에 집중된 제품으로, 손상된 머리카락을 회복시키고 강화하는 데 중점을 둔다. 머리카락에 깊이 침투하여 영양을 공급하고 드라이, 자외선 등으로 인한 열 손상이나 잦은 펌, 염색, 탈색 등의 화학적 처리 또는 과도한 빗질 등으로 인한 물리적 손상으로부터 모발을 회복시키며 수분을 유지하여 더 튼튼하고 건강한 모발로 가꾸는 효과가 있다.

린스는 샴푸 후 물기를 적당히 제거한 다음 머리카락에 바르고 잠시 후 헹궈 내는 방식으로 사용한다. 트리트먼트는 샴푸 후 물기를 제거하고 머리카락에 바른 다음, 제품에 따라 두피와 머리카락에 흡수될 때까지 일정 시간 동안 기다린 후 헹궈 내는 방식이 일반적이다. 트리트먼트의 사용 빈도는 주 1~2회 정도가 적당하다.

린스와 트리트먼트는 건성, 지성, 손상 모발 등 두피 타입과 모발 상태에 따라 적절한 제품을 선택해야 한다. 보습을 위해서는 글리세린, 판테놀, 히알루론산 등의 성분이 함유된 제품을, 손상 모발의 개선을 위해서는 케라틴, 실크, 콜라겐 등의 단백질 성분이 함유된 제품을 선택하는 것이 좋다. 새로운 제품을 사용할 때는 먼저 피부에 소량을 발라 알레르기 반응이 없는지 확인하는 것도 중요하다.

# 헤어 스트레이트제와 펌제,
# 뭐가 다를까?

헤어 스트레이트제는 머리카락을 직모로 변환시키는 제품이고, 펌제는 컬을 형성하는 제품이다. 두 종류 모두 머리카락의 단백질 구조를 변형시켜 머리카락의 형태에 변형을 가하는 기전은 같으나 목적과 기능에 차이가 있는 셈이다.

헤어 스트레이트제는 알칼리 성분으로 구성된 1제를 도포하여 머리카락의 큐티클층을 열고 단백질의 구조를 절단함으로써 쭉 펼치는 작용을 한다. 이후 2제를 도포하면 절단된 단백질의 구조가 모발이 펼쳐진 상태로 병합되어 직모를 완성한다. 반면 펌제는 알칼리 성분으로 구성된 1제를 도포하여 머리카락의 큐티클층을 열고 단백질의 구조를 절단한 다음 머리카락에 컬을 형성하는 과정으로 시술이 진행된다. 그런 다음 2제를 도포하면 모발에 컬이 잡힌 상태에서 절단된 단백질의 구조가 병합되어 컬의 모양을 완성한다.

# 일석이조 염색 샴푸

염색 샴푸는 모발 색상을 유지하거나 변화시키기 위해 사용하는 제품으로, 사용법이 간단하여 집에서도 쉽게 염색할 수 있는 장점이 있다.

염색 샴푸는 원리에 따라 갈변 방식과 코팅 방식으로 나눌 수 있는데, 갈변 방식은 폴리페놀이 함유된 특허 성분 Black Change Complex 이 산소, 햇빛과 반응해 새치가 흑갈색으로 점진적으로 변하는 원리이며, 코팅 방식은 사용할수록 새치 커버 성분이 모발에 누적 코팅되어 커버 효과를 부여한다.

시중에는 다양한 종류의 샴푸형 염모제가 판매되고 있지만, 식품의약품안전처로부터 염모제로 기능성 인증을 받지 않은 제품도 존재한다. 염색 기능성을 인증받은 샴푸에는 식품의약품안전처에서 염모용으로 고시한 색소가 포함되어 있으나, 인증을 받지 않은 제품에는 염모용 색소가 아닌 색소가 포함되어 있을 수 있으므로 기능성 인증 여부를 확인하고 구매하는 것이 좋겠다.

염색 샴푸도 사용 전 패치 테스트를 권한다. 염모를 위한 색소 성분이 함유되어 체질에 따라 알레르기를 유발할 수 있기 때문이다. 일반 염모제와 달리 샴푸형은 도포 후 금방 씻어 내면 되기 때문에 맨손으로 거품을 내어 사용해도 괜찮으나 사람에 따라 피부에 맞지 않을 수 있고 손톱 부위에 착색이 될 수도 있으니 가급적 장갑을 끼고 사용하도록 한다. 염색 샴푸에 포함된 색소 성분은 눈에 들어가면 각막을 자극할 수 있다. 또한, 샴푸 과정에서 거품이 눈에 들어갈 수 있으므로 머리를 감고 헹굴 때 세심한 주의가 필요하다.

염색 샴푸는 간편하고 빠르게 색상을 변화시킬 수 있는 장점이 있지만 지속성 부족, 균일하지 않은 색상 표현, 모발 손상, 두피 자극, 알레르기 반응, 제한된 색상 선택, 일시적인 효과 등의 문제점이 있다. 따라서 사용 전 이러한 문제점을 고려하여 자신의 모발과 두피 상태에 맞는 제품을 선택하는 것이 중요하다.

# 염모제의 종류와 선택법

염모제는 머리카락의 자연 색소를 변경하거나 덧입혀 원하는 색상으로 염색하는 데 사용하는 제품이다. 일반적으로 화학적 과정을 통해 모발의 색상을 변하게 하며 종류에 따라 일시적, 반영구적, 영구적인 효과를 제공한다. 각각의 특징을 정리하면 다음과 같다.

**염모제의 종류와 특징**

| 구분 | 일시적 염모제 | 반영구적 염모제 | 영구적 염모제 | 헤어 블리치 | 뿌리 염색제 |
|------|--------------|----------------|--------------|------------|------------|
| 특징 | 모발의 표면에 색소를 코팅하여 일시적으로 색상을 변화시키며, 세척하면 색상이 제거된다. | 모발의 표피층에 색소가 침투하여 4~6주 정도 색상을 유지 | 모발의 피질층까지 색소가 침투하여 오랜 시간 동안 색상을 유지 | 모발의 멜라닌 색소를 제거하여 밝게 만들고 원하는 색상을 얻기 위해 다른 염모제와 함께 사용할 수 있다. | 자라나는 뿌리 부분의 색상을 기존 색상과 맞추기 위해 사용하며 짧은 시간 동안 효과를 볼 수 있도록 고안되었다. |

| 용도 | 단기적인 색상 변화를 원할 때 사용 | 자연스러운 색상 변화를 원하거나 영구적인 염색을 시도하기 전에 사용 | 장기적인 색상 변화를 원하거나 흰머리를 커버하기 위해 사용 | 밝은 색상이나 플래티넘 블론드, 파스텔 톤 등의 색상을 얻기 위해 사용 | 뿌리가 자라나면서 생기는 색상 차이를 보정하기 위해 사용 |
|---|---|---|---|---|---|
| 형태 | 스프레이, 무스, 젤, 워시아웃 컬러 | 크림, 젤, 리퀴드 | 크림, 리퀴드, 거품 | 파우더, 크림 | 스틱, 파우더, 리퀴드 |

염모제를 선택할 때는 모발의 유형과 상태를 고려해야 한다. 염료는 모발의 본래 색상과 질감, 건강 상태 등에 따라 다르게 작용할 수 있기 때문이다. 특히 모발이 손상되었거나 펌, 염색 등의 화학적 처리가 된 상태인 경우에는 손상된 모발용으로 설계된 염료 또는 특정 제형이 필요할 수 있다. 이런 경우 모발을 보호하고 영양을 공급하는 데 도움이 되는 컨디셔닝제 또는 천연 오일이 함유된 제품을 권한다. 일부 염모제는 자세한 사용 지침과 함께 산화제와 용구 등이 키트로 제공되지만 일반적으로는 사용하기 직전 별도의 산화제를 혼합해야 할 수 있다.

염색의 목적에 따라 흰머리 또는 새치 커버를 위해 사용되는 영구 염모제인지, 모발의 색상에 변화를 주어 멋을 내기 위한 용도인지도 확인하여야 한다. 파라페닐렌다이아민 PPD, 파라톨루엔디아민 PTD, 암모니아 또는 향료와 같은 특정 염모제 성분에 대한 알레르기 또는 민감성 또한 고려해야 할 요소다. 알레르기 반응의 병력이 있는 경우 저자극성 라벨이 붙은 제품이나 민감한 두피용으로 제조된 제품을 선택해야 한다. 브랜드에서 제공하는 셰이드 범위도 고려해야 한다. 일부 브랜드 제품은 하이라이트 어두운 색상의 모발에 밝은 톤으로 브릿지 포인트를 주는 기법 와 로우라이트 밝은 색상의 모발에 어두운 컬러의 브릿지를 포인트로 염색하는 기법 를 포함한 다양한 색상을 제공하므로 원하는 모습에 따라 제품을 선택하면 된다. 브랜드에서 원하는 특정 음영 또는 색상 조합을 제공하는지 고려해야 한다.

# 먹는 화장품, 이너뷰티의 세계

"먹지 마세요. 피부에 양보하세요."

이는 국내의 한 화장품 기업이 자사 제품에 사용되는 원료가 식재료에서 나온 것임을 강조하고 '먹어서 좋은 음식은 피부에도 좋다'라는 의미의 브랜드 스토리를 홍보하기 위해 광고 카피로 오랫동안 사용하고 있는 문구이다. 이 기업은 당근, 흑설탕, 감자 그리고 각종 과일의 성분을 활용해 화장품을 선보여 시장에 센세이션을 일으켰다.

그렇다면 정말 좋은 음식을 섭취하는 것을 통해서도 피부가 좋아질 수 있을까? 이러한 소비자들의 궁금증은 '이너뷰티 Inner Beauty'라는 용어가 탄생하는 계기가 되었다. 이너뷰티란 '내부에서 건강한 피부를 가꾼다'라는 뜻을 담고 있는 말로, 단순히 화장품을 발라 피부 표면만을 일시적으로 좋게 하는 것이 아니라 식습관이나 생활 습관 개선 등을 통해 근본적인 피부 문제를 해결하는 것을 의미한다. 이러한 콘셉트로 출시된 건강보조식품은 '먹는 화장품'으로 불리기도 한다.

최근에는 피부 미용에 관한 관심이 남녀노소 모든 계층으로 확산되어 이너뷰티 시장이 더욱 주목받는 추세다. 이너뷰티 상품은 바르는 화장품에 비해 휴대가 간편하고 일반 식품보다 섭취가 쉬운 만큼 장기간 이용할 가능성도 높다. 화장품 바르는 걸 귀

찮게 생각하는 남성들이 쉽게 접근할 수 있다는 것도 장점이다.

바르는 화장품 유효 성분을 진피까지 침투시키기는 어렵지만, 이너뷰티 제품의 섭취로 피부 안팎에 영양을 공급한다면 바르는 화장품과의 충분한 시너지 효과를 기대할 수 있을 것으로 생각된다.

이너뷰티 제품은 먹는 콜라겐, 히알루론산 등이 대표적이지만 오래전부터 건강보조식품으로 사랑받아온 비타민C, 코엔자임 등의 항산화 성분들도 이너뷰티 제품이라 볼 수 있다. 우리가 평소 마시는 물 또한 피부에 가장 중요한 수분 보충 수단이라는 점에서 이너뷰티로 분류할 수 있을 것이다. 비타민, 항산화제, 오메가-3 지방산 등이 풍부한 식품은 피부의 수분을 유지하고 염증을 줄이며 피부를 보호하는 데 도움을 주는 것으로 알려져 있다. 따라서 고른 영양 섭취를 위해 균형 잡힌 식단을 유지하고 적절한 운동과 수면 등으로 건강한 라이프 스타일을 지키면서 스트레스 관리를 병행하는 생활 속 이너뷰티로 보다 건강한 피부를 유지할 수 있을 것이다.

# 화장품의 유형 및 종류

| 유형 | 종류 |
|---|---|
| 영·유아용 | 영유아용 샴푸·린스·로션·크림·오일·인체 세정용 제품·목욕용 제품 |
| 목욕용 | 목욕용 오일·정제·캡슐·소금류, 버블 배스, 그 밖의 목욕용 제품류 |
| 인체 세정용 | 클렌징 폼, 보디 클렌저, 액체비누 및 화장비누, 외음부 세정제, 물휴지(단, 식품접객업의 영업소에서 손을 닦는 용도 등으로 사용할 수 있도록 포장된 물티슈와 장례식장 또는 의료기관 등에서 시체를 닦는 용도로 사용되는 물휴지는 제외), 그 밖의 인체 세정용 제품류 |
| 눈화장용 | 아이브로 펜슬, 아이라이너, 아이섀도, 마스카라, 아이 메이크업 리무버, 그 밖의 눈 화장용 제품류 |
| 방향용 | 향수, 분말 향, 향낭, 코오롱, 그 밖의 방향용 제품류 |
| 두발 염색용 | 헤어 틴트, 헤어 컬러 스프레이, 염모제, 발염·탈색용 제품, 그 밖의 두발 염색용 제품류 |
| 색조화장용 | 볼연지, 페이스 파우더, 페이스 케이크, 리퀴드·크림·케이크 파운데이션, 메이크업 베이스, 메이크업 픽서티브, 립스틱, 립라이너, 보디 페인팅·페이스 페인팅·분장용 제품, 그 밖의 색조화장용 제품류 |
| 두발용 | 헤어 컨디셔너·토닉·그루밍 에이드·크림·로션·오일·포마드·스프레이·무스·왁스·젤·스트레이너, 샴푸, 린스, 퍼머넌트 웨이브, 흑채, 그 밖의 두발용 제품류 |
| 손발톱용 | 베이스코트, 언더코트, 네일 폴리시, 네일 에나멜, 탑코트, 네일 크림·로션·에센스·폴리시·에나멜 리무버, 그 밖의 손발톱용 제품류 |
| 면도용 | 애프터셰이브 로션, 남성용 탤컴, 프리셰이브 로션, 셰이빙 크림·폼, 그 밖의 면도용 제품류 |
| 기초화장용 | 수렴·유연·영양 화장수, 마사지 크림, 에센스, 오일, 파우더, 보디 제품, 팩, 마스크, 눈 주위 제품, 로션, 크림, 손·발의 피부 연화 제품, 클렌징 워터·오일·로션·크림 등 메이크업 리무버, 그 밖의 기초 화장용 제품류 |
| 체취 방지용 | 데오도란트, 그 밖의 체취 방지용 제품류 |
| 체모 제거용 | 제모제, 제모 왁스, 그 밖의 체모 제거용 제품류 |

# PART 5

# 이미지 메이킹 고수의
# 데일리 화장법

아름다움이 또 하나의 경쟁력이 되는 시대이다. 메이크업은 단순히 개인의 만족이 아닌 원만한 대인관계와 사회적 성취감을 고취할 수 있는 중요한 수단으로 여겨지고 있다. 메이크업에 대한 역사적 기록은 고대 선사시대로 거슬러 올라간다. 오랜 옛날 인류는 얼굴과 신체를 보호하고, 신을 경배하기 위해 자연의 산물을 신체에 도포하였다. 현대 사회에서의 메이크업은 피부를 아름답게 표현하는 미적인 역할뿐만 아니라 자외선이나 공해 등 외부 환경으로부터 피부를 보호하고 심리적 만족감과 자신감을 부여하는 수단으로 활용되고 있다.

메이크업 제품은 메이크업이 들뜨거나 칙칙해지거나 지워지지 않는 지속성과 지우기 쉬운 성질이 동시에 요구된다. 부착력과 발림성 등의 사용감, 제품의 외관 색과 도포 색에 차이가 없고 광원의 종류에 의해 도포 색이 뚜렷하게 변하지 않는 것도 중요하다. 사용 중 변색, 변취, 제형의 분리 및 변형 등 품질 변화가 생기지 않아야 한다. 무엇보다 중요한 것은 제품의 안전성이다. 특히 피부나 점막에 자극이 없고 유해 물질이 함유되지 않아야 한다.

이 모든 조건을 만족하는 제품을 만났다 해도 나에게 맞는 메이크업 제품을 찾는 여정이 완결된 것은 아니다. 개인의 피부 톤과 피부 특성, 취향, 원하는 분위기 등에 따라 기미나 주근깨, 잡티 등의 피부 결점을 커버하거나 얼굴 전체의 피부색을 균일하게 정돈하고 고정하는 '베이스 메이크업' 제품부터 입술, 눈, 볼이나 손톱 등에 부분적으로 사용하여 입체감을 주고 매력적인 용모를 표현하는 '포인트 메이크업' 제품까지, 선택할 수 있는 제품의 종류가 무궁무진하기 때문이다.

스스로 메이크업에 서툴다고 느낀다면 메이크업 제품의 종류와 각각의 기본 사용법부터 차근차근 알아보자. 처음엔 조금 까다롭고 복잡하게 느껴질 수도 있다. 하지만 나에게 어울리는 메이크업을 찾아가는 과정이 마치 하얀 도화지에 나만의 그림을 그리듯 아름다운 예술 작품을 완성해 가는 즐거운 여정으로 다가오는 순간이 분명 도래할 것이다.

# 파운데이션과 파우더의 컬러 셰이드, 호수 읽는 법

화장품 브랜드에서 사용하는 색상 호수는 주로 파우더와 파운데이션의 색상을 구분하는 용도다. 일반적으로 두 자리 숫자로 구성되어 앞자리와 뒷자리가 각각 다른 의미를 갖는다. 앞자리 숫자 중 1은 핑크 계열, 2가 베이지 계열, 3이 짙은 베이지 또는 브라운 를 나타내며 뒷자리 숫자는 1부터 9까지 세분화되어 숫자가 커질수록 색상이 짙어진다. 예를 들어, 11호는 핑크색의 첫 번째 단계, 21호는 베이지색의 첫 번째 단계를 나타낸다.

베이스 메이크업 제품의 색상 호수에 정해진 규칙이나 국제적인 기준이 있는 것은 아니다. 일반적으로 해당 국가의 평균 피부색을 기반으로 선정되는데 일본과 한국처럼 비슷한 경우도 있기만 국가별로 다를 수 있으며, 특히 인종이 다양한 국가의 경우 색상 호수 또한 세분화되고 다양해진다. 색상 호수의 표기 방식은 브랜드마다도 다를 수 있는데 일부 브랜드는 11호, 23호, 33호와 같이 표기하고, 일부는 1, 2, 3호로 간단히 표기하기도 한다. 특정 브랜드에서는 연령대에 따라 색상을 구분하기도 하여, 10대는 1호 화사한 피부, 20대는 2호 핑크색이 가미된 건강한 피부, 30대는 3호 약간 어두운 피부로 표기한다.

이와 같이 숫자로 색상을 표기하는 것은 색상 자체를 명시하는 것보다 훨씬 효율적일 뿐만 아니라 소비자에게 색상을 쉽게 선택할 수 있는 편의성을 제공한다.

# 피부 타입별 파운데이션 선택법

파운데이션은 메이크업의 기초를 다지는 중요한 제품으로, 자연스럽고 완벽한 피부 표현을 위해 자신의 피부 타입에 맞는 파운데이션을 선택하는 것은 필수적이다. 파운데이션을 선택할 때는 자신의 피부 타입과 원하는 커버력, 마무릿감을 고려하는 것이 중요하다. 각 파운데이션의 특징을 잘 이해하고, 적절한 제품을 선택하여 자연스럽고 아름다운 피부를 연출해 보자.

## 리퀴드 파운데이션

액체 기반의 포뮬러로, 가벼운 질감과 자연스러운 커버력을 제공한다. 피부에 쉽게 밀착되며 발림성이 뛰어나 자연스러운 광택을 표현할 수 있다.

### 피부 타입별 추천 리퀴드 파운데이션

**지성 피부**  유분을 조절하는 매트 타입 리퀴드 파운데이션을 선택

**복합성 피부**  수분감이 있는 리퀴드 파운데이션

### 바르는 방법

① 손가락, 스펀지 또는 브러시를 사용해 적당량을 덜어 낸다.

② 얼굴의 중앙에서 바깥쪽으로 자연스럽게 펴 바른다.

## 크림 파운데이션

보다 두껍고 크리미한 질감으로, 커버력과 보습 효과가 뛰어나 건조한 피부에 좋다.

### 피부 타입별 추천 크림 파운데이션

**건성 피부**　보습 성분이 함유된 크림 파운데이션을 선택하면 좋다.

**노화 피부**　주름진 피부를 매끄럽게 보이게 하려면 질감이 크리미한 파운데이션을 선택한다.

### 바르는 방법

① 파운데이션용 주걱을 이용해 피부에 부드럽게 펴 바른다.

② 퍼프로 두드려 마무리한다. 필요에 따라 여러 겹 레이어링하여 커버력을 조절할 수 있다.

## 쿠션 팩트

편리한 휴대성과 즉각적인 보습감을 제공한다. 가벼운 질감으로 자연스러운 피부 표현이 가능한 장점이 있다. 다양한 종류의 쿠션이 있어 자신의 피부 타입에 맞춰 선택할 수 있다. 특히 보습감 있는 제품은 건성 피부에 좋고, 유분 조절이 가능한 제품은 지성 피부에 적합하다.

**바르는 방법**

① 퍼프를 이용해 쿠션에 적당량을 찍어 낸다.

② 얼굴 중앙에서 바깥쪽으로 두드리듯 발라 준다. 덧바르기에도 용이해 수정 화장
시 유용하다.

**MINI INFO  기름종이를 사용하면 더 번들거린다?**

기름종이는 주로 피지를 흡수하는 데 사용되지만, 사용 후 피부에 메이크업의 잔여물이 지저분하
게 남거나 피부 수분을 지켜 주는 역할을 하는 피지를 인위적으로 과도하게 제거해 결과적으로 피부
를 건조하게 만들고 피지 분비를 증가해 더 번들거릴 수 있다. 즉 기름종이는 피지를 일시적으로 제
거하는 효과는 있지만 너무 자주 사용하게 되면 피부가 더 기름져 보일 수 있으므로 적절한 사용이
필요하다.

# 온종일 든든한 메이크업 지킴이, 파우더 & 메이크업 픽서

파우더와 메이크업 픽서는 메이크업을 더욱 완벽하게 유지하는 데 도움을 주는 제품이다. 올바른 사용법을 익혀 온종일 자신감 있게 메이크업을 유지해 보자.

## 파우더

**유분 조절**  피부의 유분을 흡수하여 번들거림을 방지한다.

**메이크업 고정**  파운데이션을 비롯한 베이스 메이크업과 색조 메이크업 제품의 밀착력을 높여 준다.

**피부결 정돈**  피부 표면을 매끄럽게 해 산뜻하면서 보송한 마무릿감을 제공한다.

## 파우더의 종류

**루스 파우더**  가벼운 질감으로, 유분을 흡수하고 자연스러운 마무리를 제공한다. 주로 전체적인 메이크업 고정에 사용된다.

**프레스드 파우더**  압축된 형태로 휴대성이 좋고, 수정 화장 시 유용하다. 커버력이 있어 피부 결점을 간단히 보완할 수 있다.

## 바르는 방법

① 메이크업이 끝난 후 퍼프나 브러시를 사용해 적당량의 파우더를 덜어 낸다.

② T존 이마, 코, 턱 등 피지 분비가 많은 부위에 먼저 바른 다음 얼굴 전체에 가볍게
두드리듯이 바른다.

## 메이크업 픽서

**메이크업 지속력 향상**  메이크업을 고정하여 오랜 시간 깨끗하게 유지할 수 있도록
돕는 액상형 제품이다.

**피부에 수분 공급**  메이크업 후 피부에 보습감을 더해 건조함을 방지한다.

**자연스러운 마무리**  메이크업에 광택을 더해 인위적이지 않고 자연스러운 마무릿
감을 제공한다.

## 바르는 방법

① 메이크업이 완료된 후 얼굴에서 약 20~30cm 간격을 두고 스프레이를 고르게
분사한다.

② 손이나 퍼프로 가볍게 두드려 제품이 피부에 잘 흡수되도록 한다.

③ 필요에 따라 수정 화장 후 다시 뿌릴 수 있다.

# 다섯 살 어려지는 치크 블러셔 활용법

치크 블러셔는 메이크업에 생기를 더하고 얼굴을 더욱 젊고 건강하게 보이도록 하는 중요한 아이템이다. 사용법에 따라 자연스럽고 사랑스러운 룩을 연출하거나 얼굴을 더욱 밝고 어려 보이게 만들 수 있다. 자신의 피부 톤과 스타일에 맞는 색상과 제품을 선택하여 사랑스러운 동안 미인이 되어 보자.

### 피부 톤에 맞는 블러셔 색상 선택법
**웜톤**  복숭아색, 코랄, 웜 핑크
**쿨톤**  핫핑크, 바이올렛, 블루가 가미된 쿨 핑크
**중간 톤**  중립적인 색상인 로지 핑크나 베이지 핑크

### 피부 타입에 따른 제형 선택법
**크림 블러셔**  자연스럽고 촉촉한 느낌을 주며, 블렌딩이 쉽다. 특히 건조한 피부에 잘 맞다.
**파우더 블러셔**  지속력이 좋고, 유분을 조절할 수 있다. 지성 피부에 적합하다.

## 바르는 위치

**볼의 가장 높은 부분**  자연스럽고 건강한 느낌을 줄 수 있다.

**볼 바깥쪽에서 광대뼈 방향**  얼굴이 더 갸름해 보이는 효과가 있다.


## 바르는 방법

① 브러시, 스펀지, 손가락 중 원하는 도구를 선택한다.

② 제품을 적당량 덜어 내고, 손이나 도구를 활용해 펴 바른다.

③ 볼의 중앙에서 바깥쪽으로 부드럽게 두드리듯 바른다. 이때 너무 많은 양을 한 번에 바르지 않도록 주의한다.

④ 경계가 생기지 않도록 잘 블렌딩하여 자연스러운 느낌을 유지한다.


### + IDEA

볼 위쪽에 하이라이터를 추가하면 더욱 생기 있는 룩을 연출할 수 있다.

치크 블러셔 색상과 아이섀도, 입술 색상이 조화롭게 어우러지도록 하면 더욱 세련된 느낌으로 마무리할 수 있다.

# 하이라이터 & 셰딩 블러셔로
# 작은 얼굴 만들기

하이라이터와 셰딩 블러셔를 이용하면 얼굴의 윤곽을 강조하고 시각적으로 작은 얼굴을 연출할 수 있다. 각 제품의 특성을 잘 이해하여 자신에게 맞는 방법으로 매력적인 룩을 완성해 보자. 올바른 활용법을 터득하면 더욱 입체적이고 세련된 페이스 라인을 만들 수 있다.

## 하이라이터의 활용법

하이라이터는 빛을 반사하여 얼굴의 특정 부위를 강조하고 생기를 더해 준다.

· 빛이 가장 높은 부분에 하이라이터를 바르면 자연스럽고 건강한 광채를 표현할 수 있다.

· 광대뼈 위쪽에 바르면 얼굴의 입체감이 살아난다.

· 콧등과 코끝에 소량을 바르면 콧날이 더 오똑해 보이는 효과가 있다.

· 이마 중앙과 턱 끝에 발라 얼굴의 중심을 강조하는 방법도 있다.

## 셰딩 블러셔의 활용법

셰딩 블러셔는 얼굴에 그림자를 만들어 윤곽을 조정하고 갸름한 느낌을 더하는 제품이다.

· 광대뼈 아래쪽에 사선으로 바르면 얼굴이 더욱 갸름해 보인다.

· 이마 양쪽 윗부분에 셰딩하면 넓은 이마를 보완할 수 있다.

· 턱선에 셰딩하면 턱이 더 뚜렷해 보이는 동시에 얼굴이 슬림해 보이는 효과가 있다.

· 콧날의 양쪽 면에 셰딩을 하면 코가 오뚝하며 가늘어 보인다.

**MINI INFO   셰딩 때문에 메이크업이 부자연스러워 보여요**

**블렌딩이 중요해요**

하이라이터와 셰딩 제품을 사용할 때는 경계가 생기지 않도록 잘 블렌딩하는 것이 중요하다. 내용물이 뭉치지 않도록 소량씩 덜어 브러시나 스펀지를 사용하여 부드럽게 펴 바르면 자연스러운 효과를 얻을 수 있다.

**전체적인 조화를 고려해요**

하이라이터와 셰딩은 전체적인 메이크업과의 조화가 중요하다. 하이라이터와 셰딩 블러셔를 적절히 활용하면 입체적이고 작은 얼굴을 연출할 수 있지만, 전체적인 밸런스가 맞지 않으면 오히려 부자연스러운 얼굴이 될 수 있다.

# 크림 아이섀도
# VS 파우더 아이섀도

아이섀도는 눈매를 강조하고 다양한 룩을 연출하는 데 중요한 역할을 한다. 크림 아이섀도와 파우더 아이섀도는 각각의 특성과 장점이 있으므로 사용법과 차이를 이해하는 것이 중요하다. 크림 타입은 사용이 쉽고 지속력이 좋다. 파우더 타입은 다양한 질감과 조합이 가능한 장점이 있다. 자신의 스타일과 필요에 맞춰 적절한 제품을 선택하여 효과적으로 활용해 보자.

## 크림 아이섀도

크림 아이섀도는 텍스처가 부드럽고 크리미해 블렌딩이 쉽고 발림성도 좋다. 손가락이나 브러시로 쉽게 바를 수 있어 초보자에게 적합하다. 일반적으로 발색이 강하여 한 번의 터치로도 선명한 색상을 제공한다. 파우더보다 지속력 또한 좋아 시간이 지나도 색상이 덜 지워지는 경향이 있다. 피부에 부드럽게 밀착되어 건조함이 덜 느껴지는 것도 장점이다.

**바르는 방법**

① 주걱 등의 메이크업 도구를 사용하여 크림 아이섀도를 덜어 낸다.

② 눈꺼풀 중앙에 올린 후 손가락 또는 브러시로 눈매를 따라 바깥쪽으로 부드럽게 블렌딩한다.

③ 원하는 색상이나 효과를 위해 여러 겹 덧바를 수 있다.


## 파우더 아이섀도

가루 형태로, 사용감이 부드럽고 가볍다. 브랜드에 따라 발색에 차이가 있고 매트, 쉬머, 메탈릭 등 다양한 질감을 선택할 수 있어 다채로운 룩을 연출할 수 있다. 원하는 컬러 표현을 위해 여러 겹 레이어링하거나 여러 색상을 조합하여 자연스럽게 블렌딩하기 좋다. 메이크업 수정 시에도 쉽게 덧바를 수 있다.


**바르는 방법**

① 브러시에 파우더 아이섀도를 묻힌다.

② 눈꺼풀에 부드럽게 펴 바르며 원하는 색상을 레이어링한다.

③ 다양한 색상을 조합하여 그라데이션 효과를 표현하거나 포인트를 줄 수 있다.

# 아이라이너와 아이브로, 차이가 뭔가요?

아이라이너와 아이브로는 그 용도와 사용 방법에 확연한 차이가 있다. 아이라이너는 눈매의 윤곽을 강조하는 제품이고 아이브로는 눈썹을 다듬고 강조하는 제품이다. 각각의 용도와 특징을 이해하고 적절히 사용하여 더욱 매력적인 눈매를 연출해 보자.

## 아이라이너

아이라이너는 눈매의 윤곽을 강조하고 더욱 또렷하게 보이게 하는 데 사용된다. 주로 속눈썹 라인에 사용하여 다양한 스타일의 아이라인을 연출할 수 있다.

### 아이라이너의 종류

**젤 아이라이너**  부드럽고 쉽게 블렌딩되며, 지속력이 좋다.

**펜슬 아이라이너**  사용하기 간편하고, 다양한 색상과 질감이 있다.

**리퀴드 아이라이너**  발색이 선명하고 지속력이 뛰어나며, 얇고 정교한 라인을 그리기 용이하다. 단, 초보자는 다소 사용이 쉽지 않을 수 있다.

### 바르는 방법

속눈썹 라인을 따라 원하는 형태의 라인을 그린다. 속눈썹 사이사이를 채우는 방법으로도 가능하다.

### 아이브로

아이브로는 눈썹을 강조하고 형태를 다듬는 데 사용된다. 눈썹은 얼굴의 전체적인 인상에 큰 영향을 미치므로 메이크업 시 아이브로를 활용해 자연스럽고 균형 잡힌 형태를 만드는 것이 중요하다.

### 아이브로의 종류

**아이브로 펜슬**   사용하기 쉬워 초보자도 원하는 색상과 형태로 눈썹을 그릴 수 있다.
**아이브로 파우더**   자연스러운 느낌을 주며, 브러시로 부드럽게 블렌딩할 수 있다.
**아이브로 젤**   눈썹을 고정하고, 컬러를 더해 주는 기능이 있다.

### 바르는 방법

눈썹의 자연스러운 라인을 따라 형태를 그리고, 빈 부분을 채운다. 마지막으로 브러시로 눈썹 결을 고르게 다듬어 준다.

# 립 틴트, 건조한 계절에는
# 어떻게 발라야 할까?

입술은 피부 가운데 가장 연약한 조직이다. 모공이 없어 땀이나 피지가 분비되지 않기 때문에 특히 건조한 겨울과 환절기에는 틴트 사용 전·후로 세심한 관리가 필요하다. 건조한 계절, 립 틴트 사용 시에도 촉촉한 입술을 유지할 수 있는 방법을 알아보자.

첫째, 립밤이나 입술 보호제를 함께 사용하면 입술 건조를 막는 데 도움이 된다. 고보습 성분으로 입술 전체에 영양을 줄 수 있는 촉촉한 사용감의 제품을 선택하는 것이 좋다. 틴트 사용 전 립밤을 발라 흡수시킨 후 티슈로 유분기만 눌러 주고 틴트를 덧바르면 자연스러운 컬러를 연출할 수 있고, 틴트를 바른 후 립밤을 덧바르면 고른 발색에 도움이 될 수 있다.

둘째, 입술의 각질을 제거한 후 틴트를 사용해야 예쁘게 발색이 된다. 각질 관리를 위해 입술 전용 각질 제거제를 사용하는 것도 좋은 방법이다. 입술 각질 제거제가 없다면 수분 크림을 입술에 바르고 10여 분 뒤 면봉을 이용해 각질을 살살 밀어 내면 자극 없이 입술 각질을 제거할 수 있다. 수분 크림을 입술에 듬뿍 바른 뒤 랩을 씌워 10분 정도 두었다가 떼어 내면 수분 공급에도 효과적이다.

셋째, 입술은 다른 피부 부위에 비해서도 특히 연약한 부위라 자외선에 노출이 잦을수록 노화도 빨리 진행되어 쉽게 주름이 생길 수 있다. 입술 노화를 막으려면 밤에 잠들기 전 팩을 하거나 주름 개선 립밤을 자주 바르는 것이 도움이 된다. 꿀이나 시어 버터로 천연 팩을 하거나 고농축 영양 성분이 함유된 립 케어 제품이나 입술에 보호막 을 입히는 고체 형태의 밤도 효과적이다.

# 내겐 너무 따가운 립 플럼퍼

립 플럼퍼는 일시적으로 입술을 부풀려 도톰하게 표현하는 화장품이다. 피부를 자극해 입술 혈관을 확장시키는 원리로, 사용 시 사람에 따라 상대적으로 화끈거리는 자극을 느낄 수도 있다. 립 플럼퍼에는 고추 추출물인 '카이엔 수지Capsicum Frutescens Resin', 캡사이신 등 피부 자극 유발 성분이 함유된 경우가 많으며 비교적 자극이 적은 바닐릴부틸에터VBE가 사용되기도 한다. 그 외에도 계피나 생강 추출물, 멘톨, 니코틸산벤질, L-아르기닌 등 피부에 화한 느낌을 주는 성분이 사용된다.

이러한 성분은 감각 수용체를 자극하는데, 뇌가 해당 자극을 인식하면 원인 물질을 빠르게 내보내기 위해 혈관이 확장되고 이로 인해 입술이 도톰해진다. 일반적으로는 약간의 화한 느낌과 열감이 있어도 피부에 무리가 없지만 립 플럼퍼에 함유된 특정 성분에 알레르기를 가진 사람이라면 자극을 크게 느낄 수도 있다. 자극적인 느낌이 수시간 지속되거나 접촉성 두드러기, 홍반, 수포 등 피부염이 생겼다면 립 플럼퍼 사용을 중단하는 것이 좋다.

# 립글로스로 유리알처럼
# 투명한 입술 만들기

립글로스는 생기 있고 윤기 나는 입술을 연출하는 데 효과적인 메이크업 제품으로 반짝반짝 빛나는 유리알처럼 투명하고 윤기 나는 입술을 쉽게 만들 수 있다. 자연스러운 발색으로 건강하고 생기 있는 입술로 연출하는 것은 물론 입술을 더 도톰하고 풍성해 보이도록 하는 효과가 있다. 보습 성분이 함유되어 입술을 촉촉하게 유지하는 데 도움을 준다. 다른 립 제품과 함께 사용하여 색상을 조합하거나, 깊이감을 더할 수도 있다. 각질 없는 촉촉하고 건강한 입술 관리와 립글로스의 적절한 레이어링으로 생기 넘치는 입술을 연출해 보자.

### 립글로스 활용법

① 립글로스 사용 전 입술 각질을 제거하고 보습제를 발라 입술을 촉촉하게 유지한다.

② 원하는 색상의 립펜슬이나 립스틱으로 입술 윤곽을 그린 다음 윤곽선 안쪽으로 색상을 채워 또렷하고 선명한 색감을 표현한다.

③ 립글로스를 적당량 덜어 내어 입술 중앙에 올린 후 립 브러시로 고르게 펴 바른다. 브러시를 사용하면 더욱 정교한 메이크업이 가능하다. 스틱형 립글로스라면

립스틱처럼 바르면 된다.

④ 립글로스를 여러 겹 덧바르면 보다 더 유리알 같은 효과를 얻을 수 있다. 이때 시간 차를 두고 건조한 후 한 겹씩 덧바르는 것이 좋다.

⑤ 입술 중앙에 하이라이터를 소량 바르면 더욱 도톰하고 빛나는 입술로 연출할 수 있다. 립글로스는 시간이 지나면 지워질 수 있으므로, 수시로 덧발라 윤기를 유지한다.

# 내 취향에 맞는 향수 찾기

향수는 향료의 비율에 따라 15~30%의 향료를 함유하고 있는 퍼퓸Perfume과 10~15%의 향료를 함유한 오 드 퍼퓸Eau de Perfume, 5~10%의 향료를 함유한 오 드 뚜왈렛Eau de Toilette, 5% 미만의 오 드 콜로뉴Eau de Cologne 등 크게 4가지로 나뉜다. 지속 시간은 각각 5~7시간, 3~5시간, 2~3시간, 샤워 후 비누 향 정도이며 향료의 비율이 클수록 지속 시간이 길어진다. 한국인들의 경우 과한 향을 부담스러워하는 경향이 있어 국내 향수 판매장에서 판매되는 향수는 오 드 퍼퓸과 오 드 뚜왈렛의 비중이 높다.

여성의 경우 후각이 가장 예민한 배란기가 향수 구매의 적기일 수 있다. 생리 전후로는 향에 대한 감각이 평소보다 둔해져 향수를 구매하기에 좋은 시기가 아니다. 하루 중에서는 낮 시간대보다 후각이 예민해지는 초저녁 이후를 추천한다. 아프거나 약물 치료를 받고 있을 경우 후각이 평소와 다를 수 있으므로 되도록 향수 구매를 피하는 것이 좋다. 새로운 향수를 구매하는 날엔 향수를 뿌리지 않고 외출해야 자신이 뿌린 향수와 향이 섞여 혼란을 겪는 일을 피할 수 있다.

가능하면 향수는 사용 당사자가 직접 테스트해 보고 사는 것이 좋다. 같은 향수를 뿌려도 각자의 체취에 따라 향이 달라지므로 선물용이라 하더라도 본인과 함께 고르는 것을 추천한다.

향수를 고를 때는 시간을 두고 향의 차이를 음미하는 여유가 필요하다. 코는 5가지 감각 기관 중 가장 빨리 피로를 느끼므로 3가지 이상의 향을 잇달아 맡으면 향의 차이를 구별하기 어렵기 때문이다. 향수 뚜껑을 열고 처음에 맡게 되는 향은 본래의 향취가 아닌 자극적인 알코올 향이 대부분이다. 따라서 병 입구에 코를 대고 순간적으로 향을 맡는 것이 아니라 테스트지에 뿌려 두세 차례 흔든 뒤 천천히 향을 맡도록 한다.

몸에 직접 뿌리거나 발라 향을 테스트할 때는 먼저 손목에 살짝 뿌리거나 1~2방울의 향수를 떨어뜨린 후 10분 정도 지나 알코올을 날리고 본인의 체취와 섞인 향을 맡아본다. 단, 피부가 민감한 사람이라면 향수를 피부에 직접 뿌리지 않도록 한다.

자신에게 가장 잘 어울리는 향기를 발견하기 위해서는 가능한 다양한 향수를 사용해 보는 것이 좋다. 처음부터 고가의 향수를 구매하기보다 용량이 적은 향수를 다채롭게 구매해 자신의 취향에 맞는 향을 찬찬히 찾아보는 건 어떨까?

# 계절에 따른 향수 선택법

　향의 계열은 향기의 특성을 나타내므로 미리 알아두면 향수를 선택하는 데 도움이 된다. 계절마다 어울리는 향의 계열을 사용하면 그 계절의 분위기와 잘 어울리는 이미지를 연출할 수 있다.

　**플로럴 계열** 봄　플로럴 계열은 장미, 재스민, 백합 등 다양한 꽃의 향기를 기반으로 한다. 향이 진하지 않고 달콤한 특징이 있어 향수를 처음 사용하는 사람에게도 부담이 없다. 봄의 따뜻한 날씨와 잘 어울려 화사한 느낌을 준다.

　**그린 계열** 여름　그린 계열은 풀이 연상되는 시원하고 상쾌한 느낌으로, 오 드 뚜왈렛의 가벼운 향을 원하는 사람에게 적합하다. 바이올렛 에센스나 피스타치아 등의 향이 대표적이며, 여름철 싱그러운 이미지를 연출하기에 좋다.

　**시트러스 계열** 여름　상큼한 이미지를 연출하기에 좋은 시트러스 계열은 오렌지, 레몬, 자몽 등의 감귤류 향이 주로 사용되며, 가벼운 느낌이 특징이다. 휘발성이 커 덥고 습한 여름에 잘 어울린다.

**우디 계열** 가을　나무를 연상시키는 은은한 향이 특징인 우디 계열은 백단향, 샌들우드 등의 향료가 사용되며, 향의 지속력이 높은 편이다. 가을의 차분한 분위기와 잘 어울려 깊이 있는 향을 원하는 이들에게 적합하다.

**시프레 계열** 가을　남성적이며 건강미 넘치는 시프레 계열은 지중해의 사이프러스 섬에서 유래된 향으로, 떡갈나무와 오크모스 향의 조합이 건강하고 개성적인 느낌을 준다. 가을의 깊은 느낌과 잘 어울려 남성 향수나 여름용 여성 향수에 많이 사용된다.

**오리엔탈 계열** 겨울　묵직한 느낌을 주는 오리엔탈 계열은 식물의 수지와 동물성 향료로 만들어진다. 신비하고 우아한 분위기로 여성적인 이미지를 표현하기에 좋으며, 향이 짙어 겨울밤의 로맨틱한 분위기를 끌어내는 데 적합하다.

**스파이시 계열** 겨울　개성이 강한 스파이시 계열은 시나몬, 정향나무, 후추 등의 향을 사용하여 톡 쏘는 느낌을 준다. 겨울철에 어울리는 따뜻하고 깊은 느낌을 더해 주며, 프로럴이나 우디 계열의 향과도 조화롭다.

## MINI INFO  땀 냄새 걱정 NO! 여름 향수 사용법

기온이 높고 습한 여름에는 특히 향수의 선택과 매너가 중요하다. 향기는 온도가 낮으면 잘 휘발되고 높으면 오래 남기 때문에 자칫 땀냄새나 체취와 섞여 불쾌한 느낌을 줄 수 있기 때문이다. 간혹 가을이나 겨울에 사용하던 향수를 여름에 재사용하거나 재구매 시 향이 다르게 느껴지는 이유가 여기에 있다. 향은 온도가 높을수록 강하게 느껴지기 때문에 향수를 소량씩 균형 있게 분사하는 것이 무엇보다 중요하다.

여름에도 은은한 향을 즐기고 싶다면 팔을 머리 위로 높게 들어올려 향수를 뿌린 다음 공기 중으로 퍼져 나가는 향수 속에 서 있어 보자. 향이 한 곳에 집중적으로 분사되는 것을 막아 은은한 향을 즐길 수 있다. 향이 부드럽게 올라오도록 하반신에만 향수를 살짝 뿌리는 것도 방법이다. 스커트 자락에 뿌려 두면 스커트가 움직일 때마다 은은한 향을 즐길 수 있다. 외출 전날 밤, 다음 날 입을 옷에 어울리는 향수를 미리 뿌리거나 옷장 안에 자신이 좋아하는 향수를 뿌려 두는 것도 방법이다. 마지막으로, 알코올 함량이 낮은 주니어용 향수나 보디 미스트를 사용하는 것도 추천한다. 특히 보디 미스트는 피부 진정 효과가 있어 노출이 많은 여름 피부를 보호하는 방법이 되기도 한다.

# 내 이미지에 어울리는 향수 찾기

향수를 선택할 때 자신의 기호만 생각하지 말고 그 향을 맡게 될 주변 사람들까지 고려하는 것이 현명한 방법이다. 향수의 계열을 잘 이해하고 계절이나 자신의 체질에 맞는 향수를 선택하면 좋겠다. 특히 땀이 많이 나는 무더운 여름철에는 강한 향은 피하는 것이 좋으며 사용량도 줄이는 것이 중요하다. 싱그러운 풀잎의 향취를 느낄 수 있는 그린이나 오염되지 않은 자연의 느낌인 플로럴 계열이 적당하다. 레몬, 라임, 베르가모트, 오렌지 등 시트러스 계열의 향도 유니섹스한 분위기를 연출해 보다 시원한 느낌을 줄 수 있다.

## 피부 타입에 따라

기초 제품과 마찬가지로 향수도 피부 타입에 따라 선택해야 한다. 피부 타입에 따라 향이 오래 남는 정도가 다르기 때문이다. 특히 민감한 피부라면 향수에 들어 있는 알코올 성분에 의해 알레르기가 생길 수 있으므로 더욱 주의해야 한다. 이런 경우 향수 선택에 더욱 신중을 기해야 하며, 향수를 피부에 직접 뿌리지 말고, 향수를 솜에 묻혀 속옷에 살짝 터치하거나 옷장 속에 살짝 분사하면 안전하게 자신이 좋아하는 향을 즐길 수 있다.

지성 피부인 사람은 향이 피부에 남는 성향이 가장 강하기 때문에 여러 향이 섞인 복합적인 향보다는 그린 계열이나 마린 등 단순한 향이 좋다. 특히 여름에는 농도가 진한 퍼퓸보다는 농도가 가장 약한 오 드 콜로뉴를 사용하는 것이 바람직하다.

반대로 건성 피부는 향이 금방 날아가는 경향이 있어 3~4시간마다 한 번씩 향수를 뿌려야 향이 지속될 수 있다. 오 드 퍼퓸을 기준으로, 향수는 5시간마다 한 번씩 뿌리는 것을 추천한다.

### 체형에 따라

작고 통통한 체형의 경우 상큼한 바람 같은 그린 계열의 향을 선택하는 것이 귀엽고 사랑스러운 이미지를 살리는 비결이다. 몸이 가뿐해지는 기분이 드는 그린 계열의 향으로 활동적이고 쾌활한 느낌을 가질 수 있을 것이다.

키가 크고 글래머러스한 체형은 자칫 건장해 보일 수 있기 때문에 본래의 섹시한 분위기를 어느 정도 중화시킬 수 있는 은은한 향을 선택하는 것이 좋다. 볼륨감 있는 몸매라면 시원하고 상쾌한 플로럴이나 시프레 계열의 향을 사용해 샤프하고 활동적인 이미지를 더하고 이지적인 모습을 연출하는 것도 좋다.

# 올바른 향수 사용법

    향수는 하나의 완성품이기 때문에 다른 향과 잘못 믹스해 사용할 경우 향이 충돌해 역효과를 초래할 수 있다. 귀 뒤쪽, 손목, 팔, 목줄기 등 맥박이 느껴지는 곳을 중심으로 뿌리면 확산이 좀 더 잘 되고, 그 외 원하는 곳 어디에나 뿌릴 수 있지만 향은 아래에서 위로 올라오는 성질이 있기 때문에 발목 안쪽이나 무릎 뒤 맥박이 뛰는 곳에 뿌리면 위로 퍼지는 은은한 향을 오래도록 즐길 수 있다. 손목에 뿌렸을 때와 달리 손을 씻어도 향기가 쉽게 사라지지 않는다는 장점도 있다.

    피해야 할 부위도 있다. 겨드랑이, 팔꿈치 안쪽, 무릎 뒤 등 땀샘이 분포되어 있는 곳에 뿌리면 체취와 섞인 향이 악취로 변하여 불쾌감을 줄 수 있다. 피부가 민감하다면 몸에 직접 향수를 뿌리기보다 향수를 솜에 묻혀 옷 안에 살짝 터치하거나, 전날 향수를 뿌린 천을 옷에 끼워 보관하면 향료가 피부에 직접 닿지 않아 편안히 좋아하는 향을 즐길 수 있다.

    단, 옷의 소재에 따라 향수로 인해 얼룩이 생길 수 있으므로 실크, 모피, 가죽 제품, 또는 흰옷에는 직접 사용하지 않는 것이 좋다. 보석류와의 접촉도 주의해야 한다. 향수와 닿아 광택을 잃거나 변색될 수 있기 때문이다. 마지막으로, 피부의 연약한 부위나 상처 난 부위, 손상된 피부에는 향수를 직접 사용하지 않도록 주의한다.

향수를 사용하기 전 향수와 같은 라인의 배스 오일이나 보디 로션을 사용하면 향을 더 오래 지속시킬 수 있다.

## MINI INFO  향수에도 사용 기한이 있나요?

향수에도 사용 기한이 있다. 일반적으로 향수는 개봉 후 3년에서 5년 정도 사용이 가능하지만, 보관 상태와 성분에 따라 달라질 수 있다. 개봉하지 않은 향수는 보통 더 오랫동안 사용할 수 있지만, 향이나 색상이 변했다면 사용을 중단하는 것이 좋다. 시간이 지나면서 향수의 주요 성분인 에센셜 오일이나 알코올이 산화되거나 휘발되어 변질되었을 수 있기 때문이다.

향수는 열, 직사광선, 먼지를 피하여 어둡고 서늘하며 기온이 일정한 곳 13~15℃ 에 보관해야 한다. 서랍 속에 보관하면 여닫을 때마다 용기가 흔들리면서 공기와 접촉할 기회가 많아져 변질의 원인이 될 수 있다.

원료의 특성상 향수는 휘발되기 쉬우므로 사용 후에는 뚜껑을 꼭 닫고, 개봉 후에는 가능한 빨리 사용하는 것이 좋다. 병마개를 닫아도 내용물이 조금씩 증발할 수 있기 때문이다.

향수를 거의 다 쓴 경우라면 윗부분에 공기가 남아 내용물이 산화되어 향이 변할 수 있으므로 작은 용기에 옮겨 보관하는 것이 좋다. 보관 용기도 중요한데, 플라스틱 용기보다 유리병이 향수를 보관하기에는 더 적합하다.

# 페로몬 향수는 효과가 있을까?

　페로몬은 동물의 몸에서 발산하는 물질로, 주변에 있는 같은 종의 생리와 행동에 극적인 변화를 일으킨다. 페로몬은 특히 동물의 성 행동을 유발하는 데 결정적인 역할을 한다. 소량이라도 매우 강력한 작용을 하는데, 예를 들면, 어떤 암나방은 페로몬 몇 g이면 전 세계의 수나방을 끌어들일 수 있을 정도라고 한다.

　페로몬이 사람에게도 존재하는지 여부에 대해 많은 연구가 진행되고 있지만, 지금까지 뚜렷하게 결과를 보인 사례는 없다. 시중에 판매되고 있는 페로몬 향수의 주성분은 돼지의 페로몬인 안드로스테논으로, 이성에게 호감을 불러일으키기에는 다소 무리가 있다는 지적이다.

# 일상을 향기롭게 하는 향수 활용법

다 쓴 향수병은 버리지 말고 뚜껑을 열어 장롱에 넣어 두자. 은은한 향이 옷장 속에 걸어둔 옷에까지 스며든다. 옷장이나 서랍에 향수를 뿌리거나 향수를 묻힌 거즈를 넣어 두면 옷에 적당한 향기가 밸 뿐만 아니라 방충제와 방부제 역할까지 대신할 수 있다. 속옷이나 블라우스를 다림질할 때 다림판 위에 향수를 몇 방울 떨어뜨리면 자연스러운 향기가 배어, 강한 향에 거부감이 있는 사람에게도 추천할 만하다. 샴푸나 목욕을 할 때 마지막 헹굼 물에 향수를 몇 방울 떨어뜨리면 은근한 향을 일상에서 즐길 수 있다.

편지지의 모서리, 손수건, 모자, 핸드백에 몇 방울의 향수를 떨어뜨리면 큰 효과를 볼 수 있다. 실내조명이나 스탠드에도 평소 사용하는 향수를 살짝 분사해 보자. 불을 켤 때마다 전구의 열이 향을 퍼뜨려 방향제 역할을 할 수 있다.

# 메이크업 제품의 색재

인간의 시각으로 감지되는 빛은 가시광선이다. 태양의 가시광선은 각 파장의 빛이 거의 같은 양으로 모여 있어 무색으로 감지되지만, 프리즘을 통과하면 파장의 빛이 분광되어 빨강, 주황, 노랑, 초록, 파랑, 남색, 보라색으로 나뉘어져 보인다.

그런데 색이란 무엇일까? 색은 빛 그 자체가 아니라 '감각치'라고 할 수 있다. 시각세포에 포착된 빛의 파장을 각 파장의 자극에 의해 색으로 인지하게 되는 것이다. 물체의 색은 물체의 구성 물질과 물체에 조사되는 빛의 종류, 파장에 따라 다르게 보인다. 그런 이유로 태양광과 형광등, 백열등 아래에서 같은 물체의 색이 각기 다르게 보이는 것이다.

물체에 빛을 쪼이면 빛은 ① 물체 표면에서 반사되는 부분 ② 물체를 투과해 내부에서 반사되어 나오는 부분 ③ 물체에 흡수되는 부분 ④ 물체를 투과하는 부분으로 나누어진다. 무채색은 빛을 분광시키지 않고 흡수하거나 반사하여 색상을 띠지 않는 색이고, 유채색은 일부의 색은 흡수하고 일부는 반사하거나 투과한 것이다.

색재 coloring agent 란 특정 파장의 빛을 흡수하거나 투과하는 화학 물질이다. 안료와 염료의 색 발현을 예로 들면, 적색의 안료는 적색의 빛은 반사하고 적색 이외의 빛은 흡수한다. 적색의 염료는 적색의 빛을 투과시키고 적색 이외의 빛을 흡수한다.

화장품 안료는 화장품에 색상을 부여하는 화학 물질로, 피부에 안전하게 사용될 수 있도록 개발된다. 화장품에 사용되는 안료는 크게 무기 안료와 유기 안료로 나눌 수 있다. 이러한 색소의 역할은 화장품의 색상을 결정하며 일부 안료는 자외선 차단 기능을 가지고 있어 피부를 보호하는 역할을 하기도 한다. 또한, 사용자의 피부 톤에 따라 다양하게 조정되어 미적 효과를 발휘함으로써 사용자의 매력을 높이는 데 기여한다.

### • 무기 안료

자연에서 유래하거나 합성된 광물 성분으로 만들어진 안료로, 자외선 차단 효과와 은폐 효과가 있는 티타늄 이산화물 Titanium Dioxide 이 대표적이다.

철 산화물 Iron Oxides 은 다양한 색상 적색, 황색, 흑색 등 을 제공하며, 주로 파운데이션과 블러셔에 사용된다.

### • 유기 안료

탄소 기반의 화합물로, 생합성 또는 합성 과정을 통해 만들어진다. 대표적으로 붉은 색상을 내는 유기 안료인 카민 Carmine 을 꼽을 수 있다. 립스틱과 블러셔 등 레드 40 Red 40 은 인공적으로 합성된 붉은 색소로, 다양한 화장품에 사용된다.

**가시광선**
인간의 시각으로 감지되는 빛

┌── **태양광** → 무색(프리즘 통과 → 분광)
│        └── 빨강, 주황, 노랑, 초록, 파랑, 남색, 보라색
│
├── **색** 파장의 빛이 시각세포에 포착되어 색으로 인지
│
├── **물체의 색** → 구성 물질과 조사되는 빛의 종류에 따라 다름
│        └── 같은 물체라도 조명(태양광, 형광등, 백열등)에 따라 색상이 달라짐
│
└── **빛의 작용**
         ├── 반사: 물체 표면에서 반사되는 부분
         ├── 흡수: 물체에 흡수되는 부분
         └── 투과: 물체를 통과하는 부분

PART 6

# 나만의 강력한
# 뷰티 루틴을 만들자

현대 화장품 산업의 태동기, 화장품 사업가이자 메이크업 아티스트였던 헬레나 루빈스타인이 사람의 피부를 4가지 타입 건성, 중성, 지성, 복합성 으로 구분해 각각에 맞는 화장품을 제안한 이래 100여 년이 넘는 긴 세월 동안 '피부 타입'은 개인의 화장품 선택과 기업의 화장품 개발에 있어 가장 중요한 기준으로 여겨져 왔다. 그러나 21세기 개개인의 개성과 취향을 존중해야 살아남는 초개인화 사회로 진입하면서 사람마다 다른 피부 특성을 4가지로 한정 짓는 기존의 방식만으로는 개인의 니즈를 충족할 수 없게 되었다. 사람의 피부 타입이 계절이나 날씨, 생활 습관과 환경 그리고 연령대에 따라 변할 수 있다는 것도 4가지 분류만으로 화장품을 선택할 수 없는 이유다.

　　대한민국은 맞춤형 화장품에 대한 법제화를 마련한 전 세계 유일한 국가로, 2020년부터 맞춤형 화장품 조제 관리사 시험제도를 시행하여 전문 인력을 양성하는 등 글로벌 트렌드에 선제적으로 대응해 나가고 있다. 그러나 모든 소비자가 자신의 피부에 최적화된 맞춤형 화장품을 구매해 사용하는 분위기가 일반화되기에는 비용과 기술, 제도적 측면에서 많은 문제점이 산재해 있다.

　　현실적으로 소비자가 자신의 피부에 가장 잘 맞는, 그리고 자신에게 필요한 화장품을 찾기 위해 가장 먼저 해야 할 일은 자신의 피부 특성과 고민을 잘 이해하는 것이다. 최근에는 올리브영 등 일부 화장품 매장에서도 피부 측정이 가능한 첨단 AI 기기를 도입해 서비스를 제공하는 경우가 있으므로 이를 적극 활용해 보자. 계절별, 날씨나 환경에 따라 달라지는 피부 고민을 점검하는 것도 중요하다. 그런 다음 내 피부에 꼭 필요한 나만의 스킨케어 루틴을 만들어 보자. 화장품 탓, 체질 탓만 하던 암울한 시간에서 벗어나 스스로 건강하고 아름다운 일상을 만들어 나갈 수 있을 것이다.

# 20대,
# 아이크림과 자외선 차단제는 필수!

**피부**

20대의 피부는 탄력과 수분이 충분히 유지되는 건강한 상태로, 각질이 탈락하고 새로운 세포가 생성되는 피부 턴오버 활동 또한 안정적으로 이뤄진다. 그러나 그만큼 피부 건강을 과신하여 관리에 소홀하거나 과도한 메이크업으로 피부에 부담을 주기 쉬운 나이대여서 주의가 필요하다. 20대의 피부 관리 습관이 30대 이후의 피부 나이를 결정한다는 점을 명심할 것. 피부 나이 역시 건강할 때 지키는 것이 중요하다.

제아무리 건강한 피부도 계절과 환경에 따라 건조해지거나 밸런스가 무너질 수 있으므로 세안 후 보습 제품을 충실히 바르고 자외선 차단에 신경 쓰도록 한다. 특히 피지선이 발달하지 않아 민감하고 탄력이 부족해지기 쉬운 눈가 피부에는 아이크림을 따로 바르고, 약지로 눈가를 가볍게 지압하듯 마사지해 보자. 한 번 생긴 주름은 그 무엇으로도 돌이킬 수 없으므로 미리미리 예방하는 일상의 습관이 중요하다.

술, 담배, 스트레스 등 피부 건강을 해치는 요소들을 멀리하는 것도 건강하고 아름다운 30대를 준비하는 비결이다.

**두피 & 모발**

20대의 모발과 두피는 특별한 질환이 없는 한 대체로 탄력과 수분이 충분히 안정적으로 유지되는 건강한 상태이지만 염색과 펌 등에 비교적 많이 노출될 수 있는 연령대여서 관리에 주의를 기울여야 한다. 잦은 헤어 시술은 모발 상태를 악화시키는 원인이니 헤어 앰플과 미스트 등을 꾸준히 사용하고, 잠자리에 들기 전 5분 정도 브러싱해 두피의 혈액 순환을 도와주자.

야외 활동 시에는 모자나 양산 등으로 모발을 보호해 자외선으로 인한 두피 노화를 예방하는 것도 중요하다.

# 30~40대,
# 눈에 띄는 노화의 징후에 대비하세요!

**피부**

30~40대는 본격적인 노화의 징후가 포착되는 시기로, 피부 세포의 기능이 떨어지고 눈가와 입가 등에 표정 주름과 잔주름이 보이기 시작한다. 40대에 접어들면 탄력이 현저히 떨어지고 혈액 순환도 나빠지며, 눈에 띄는 색소 침착이 아니더라도 전반적으로 안색이 어둡고 칙칙해 보여 그늘진 인상으로 바뀌기 쉽다. 특히 임신과 출산을 겪은 여성은 호르몬의 불균형으로 눈에 띄는 색소 침착이 완전히 자리를 잡을 수 있으므로 미백에도 신경 써야 한다.

평소 수분과 영양 공급을 위해 에센스를 꾸준히 사용하고, 스킨케어 마무리 단계에도 주름 개선 효과가 있는 기능성 크림으로 관리하도록 한다. 피부 재생이 활발해지는 밤 시간대의 관리가 특히 중요한데, 피부 고민에 따라 비타민C, 레티놀 등이 함유되어 보습, 영양, 미백 효과를 높일 수 있는 기능성 화장품으로 자신만의 스킨케어 루틴을 만들어 보는 것이 좋다.

피부가 유난히 건조한 타입이라면 잠자리에 들기 전 혈액 순환을 위해 수면 팩 효과의 크림을 도톰하게 바르고 마사지한 다음 아침에 물 세안하는 방법을 추천한다. 특히 신진대사 저하로 탄력이 눈에 띄게 떨어지는 눈가 피부는 매일 아침과 저녁, 주름 개선 기능성 아이크림으로 마사지하는 것을 잊지 않는다.

연령대를 막론하고 자외선 차단의 중요성은 아무리 강조해도 지나침이 없다. 수정 메이크업에 필요한 제품뿐만 아니라 자외선 차단제도 파우치 속 필수 품목으로 넣어 두자. 실내에서도 자외선 차단제를 챙겨 바르는 습관이 피부 나이를 지키는 지름길이다.

## 두피 & 모발

본격적인 노화가 시작되는 30대에는 두피에도 변화가 찾아온다. 두피와 모발이 푸석푸석 건조하거나 볼륨이 부족하게 느껴진다면 이미 노화는 시작된 셈이니 보습 효과가 있는 샴푸와 컨디셔너를 사용하고, 가벼운 브러싱으로 두피에 적당한 자극을 가하는 것이 좋다.

잦은 헤어 시술은 모발 상태를 악화시키는 원인이므로 두피와 모발에 영양을 공급할 수 있는 모발 전용 에센스류, 오일류의 제품으로 꾸준히 관리할 것. 한 달에 한두 번 정도는 스팀 타월로 모발과 두피를 딥 클렌징해 주는 것도 건강한 머릿결을 유지할 수 있는 방법이다.

# 50~60대,
# 일상에 활력을 불어넣어요!

**피부**

완경기에 접어들면 여성의 신체는 급격한 호르몬 변화로 많은 혼란을 겪게 된다. 피부 세포의 기능 역시 현저히 떨어져 본격적인 노화의 징후를 보이며, 거칠고 건조한 상태가 고착된다. 호르몬 변화로 인해 홍조 현상이 나타나고 체온 조절이 되지 않아 어려움을 겪기도 한다.

이 시기 피부 관리에 앞서 가장 중요한 것은 자신에게 일어난 신체 변화를 자연스러운 현상으로 받아들이고, 스트레스에서 해방되는 것이다. 50대 이후가 되면 피지 분비가 급격히 줄어들어 피부가 건조하고 눈에 띄는 주름이 늘어나게 되므로 평소 영양감이 있는 기능성 에센스와 크림으로 집중 관리할 필요가 있다. 특히 신진대사가 둔화되어 주름과 색소 침착이 두드러지는 시기이므로 미백과 수분 관리, 재생 관리를 병행하는 것이 좋다.

비타민과 콜라겐, 양질의 단백질 등 부족해지기 쉬운 영양소를 공급하기 위해 이너 뷰티에도 신경 써야 한다. 언제 어디서나 자외선 차단제의 사용은 필수, 산책과 운동 등을 일상화해 활력 있는 생활을 영위하는 것 또한 아름다운 피부를 유지하는 비결이다.

## 두피 & 모발

50대에 접어들면 두피는 건조함이 심해지고 탄력도 급격히 떨어져 흰머리와 탈모의 징후가 눈에 띄게 늘어난다. 탈모 방지용 샴푸와 더불어 두피와 모발에 영양을 공급할 수 있는 헤어 트리트먼트 제품을 사용하고 두피 마사지를 병행하는 습관을 일상화하자. 트리트먼트 사용 시 스팀 타월로 머리를 감싸 10~20분쯤 두면 트리트먼트의 영양 성분이 두피에 더 잘 스며든다. 검은콩, 비오틴 등의 식품을 꾸준히 섭취하는 것도 도움이 될 수 있다.

# 〈 남성의 연령대별 피부/두피/모발 케어 〉

# 20대,
# 피지 관리가 핵심!

**피부**

남성의 경우 10~20대가 되면 특히 남성 호르몬 분비가 왕성해 땀과 피지 분비량이 증가한다. 과다 분비된 피지와 노폐물이 제때 배출되지 못하고 엉기면 모공을 막아 트러블이 발생하거나 모공이 넓어지는 원인이 되므로 피지 관리와 청결에 특히 신경 쓸 것. 과잉 피지를 컨트롤할 수 있는 세안제를 사용하되 지나치게 뜨거운 물은 오히려 피지선을 자극해 피지 분비량이 늘어날 수 있으므로 미지근한 물로 충분히 헹궈 내는 것이 중요하다. 세안 후 아무것도 바르지 않는 것보다 수분 함량이 높은 올인원 제품을 가볍게 발라 유수분 밸런스를 맞추는 것이 피지 관리에 효과적이라는 점도 알아두자.

잦은 야외 활동과 흡연, 알코올 등은 모공 탄력을 저하시키는 원인이다. 외출 시에는 자외선 차단제를 반드시 챙겨 바르고, 세안할 때는 자외선 차단제의 성분이 피부에 남지 않도록 유성 성분의 화장품을 지워 낼 수 있는 클렌징 토너 또는 클렌징 밀크로 부드럽게 닦아 낸 후 클렌징 폼으로 이중 세안해야 한다.

## 두피 & 모발

20대의 남성은 여성과 마찬가지로 염색과 펌 등의 헤어 시술이 잦은 편이어서 모발 건강이 악화되는 경우가 많다. 여기에 학업과 취업 등의 스트레스로 인한 탈모 진행의 가능성까지 있어 주의를 요한다.

헤어 시술을 한 모발의 경우 특히 트리트먼트를 사용해 모발 관리를 하는 것이 중요한데, 이때 린스 또는 트리트먼트제는 두피에 닿지 않도록 조심하고, 사용 후에는 충분히 헹궈 내어 잔여물이 남지 않도록 한다.

한 번 탈모가 시작된 두피는 되돌리기 어려우므로 20대부터 꾸준히 관리하는 습관이 중요하다. 잠자리에 들기 전 5분 정도 손끝으로 두피를 꾹꾹 누르거나 끝이 둥근 브러시로 머리를 빗으면 혈액 순환이 좋아져 탈모를 예방하는 데 도움이 될 수 있다. 탈모 예방 샴푸와 두피 토너 등의 제품을 꾸준히 사용하는 것도 좋은 방법이다.

# 30~40대,
# 스트레스에서 멀어지기

**피부**

남성의 피부는 여성의 피부와 달리 두껍고 피지 분비가 많아 언뜻 피부 노화의 속도가 더딘 것처럼 보이지만, 30대를 넘어서면 넓은 모공이 고착화되고 눈에 띄는 굵은 주름이 생기기 쉬우므로 주의를 기울여야 한다. 특히 이 시기의 남성은 극심한 스트레스로 흡연과 알코올 등에 노출되어 피부 건강을 해치기 쉽다. 여기에 잘못된 세안법으로 제때 배출되지 못한 과다 피지와 노폐물이 모공을 막은 상태가 지속되면 실제보다 훨씬 나이 들어 보이는 노안의 지름길을 걷게 될 수 있다.

평소 미백과 주름 개선 효과가 있는 기능성 화장품을 꾸준히 사용하면서 자외선 차단에 신경 쓰는 것은 기본 중의 기본이다. 자외선 차단제 또는 가벼운 메이크업 후에는 유성 성분의 화장품을 지워 낼 수 있는 클렌징 토너 또는 클렌징 밀크로 닦아 내고 클렌징 폼으로 이중 세안할 것. 세안 시 피부를 거칠게 문지르기보다 부드럽게 마사지하듯 다루는 습관도 중요하다.

꾸준한 운동과 휴식, 취미 생활 등 스트레스에서 벗어날 수 있는 건강한 방법을 찾는 노력도 기울여 보자. 비타민C를 비롯한 항산화 효과가 있는 식품을 꾸준히 섭취하는 것도 노화와 색소 침착을 예방하는 방법이다.

### 두피 & 모발

나이가 들면 머리카락에도 노화가 찾아온다. 피지 분비가 활발하던 20대와 달리 30~40대의 두피는 피지 분비가 줄어들어 머릿결이 푸석하고 건조해지기 쉬우므로 머리를 감은 후 가벼운 헤어 에센스로 수분 관리에 신경 쓰는 것도 도움이 된다.

탈모가 본격적으로 진행될 수 있는 시기인 만큼 탈모 예방 샴푸는 물론 헤어 토닉이나 에센스 같은 탈모 예방 제품을 함께 사용해 보자. 두피의 혈행을 돕기 위해 매일 저녁 5분 정도 브러시로 머리를 빗고 두피를 톡톡 두드리듯 마사지하는 것도 도움이 될 수 있다.

# 50~60대,
# 각질과 탈모 관리에 집중!

**피부**

50대 이후가 되면 굵은 주름과 색소 침착 등 남성의 피부에도 눈에 띄는 노화의 증상이 나타난다. 생체 리듬이 느려진 만큼 피부의 재생 속도 또한 느려지고 제때 탈락하지 못한 각질이 두껍게 쌓여 피부결이 거칠고 건조해진다. 일주일에 1~2회 정도는 AHA나 BHA 등 각질 제거 성분의 제품을 사용해 묵은 각질을 정돈하고 보습과 탄력 강화, 영양 공급 효과가 있는 주름 개선 기능성 화장품으로 피부 기능을 정상화하는 것이 중요하다.

자외선의 영향으로 색소 침착과 광노화가 눈에 띄게 늘어나는 시기인 만큼 자외선 차단제의 사용은 필수다. 다른 연령대와 마찬가지로, 자외선 차단제의 사용 후에는 반드시 클렌징 토너 또는 클렌징 밀크로 닦아 내고 클렌징 폼으로 이중 세안하여 잔여물이 남지 않도록 하는 것도 중요하다.

식품을 통해 비타민C를 비롯한 항산화 효과가 있는 영양소를 꾸준히 섭취하는 것은 물론 양질의 단백질로 부족해지기 쉬운 영양소를 공급해 주자.

## 두피 & 모발

50대에 접어들면 흰머리가 눈에 띄게 늘어나는 것은 물론 탈모가 급속도로 진행되어 고민이 깊어진다. 머리숱만 줄어드는 것이 아니라 모발이 자라는 속도 또한 느려지는 시기인 만큼 두피 건강에 특히 신경 써야 한다. 샴푸 전 브러시로 두피를 가볍게 빗어 묵은 각질을 떨어내고 막힌 모공을 열어 준다. 샴푸 후에는 탈모 케어에 도움이 되는 두피 토닉 제품 등을 사용해 두피에 수분과 영양을 공급할 것. 탈모 예방 샴푸와 샴푸 브러시를 함께 사용하는 것도 추천한다.

## 〈건조한 피부를 위한 루틴〉

# 피부 온도 1℃ 낮추기

　피부 온도가 상승하면 피부 속 콜라겐과 엘라스틴 등 탄력 구조가 무너져 탄력 감소, 주름 형성 등 노화 현상이 가속화된다. 특히 피부 온도가 40℃가 넘어가게 되면 기질금속단백질분해효소 MMP 효소, Matrix Metalloproteinase 가 생성되는데, 이 효소는 피부 속 콜라겐 섬유를 비롯한 탄력 물질을 분해하여 피부 지질층을 무너뜨릴 수 있다. 이러한 현상이 지속되면 피부는 스스로를 보호하기 위해 멜라닌 색소를 가동하여 색소를 형성하게 되므로 기미, 검버섯이 발생하게 된다. 모세혈관이 지속적으로 확장되어 홍반증이 생길 확률도 높아진다. 이러한 이유로, 피부의 적정 온도만 유지해도 건강한 피부를 가꾸는 데 큰 도움이 된다.

　피부 온도가 상승하면 수 시간 내로 노화가 동반되고 한 번 노화된 세포 조직은 되돌리기 어려우므로 피부 열은 오르는 즉시 식혀 주는 것이 좋다. 피부 온도가 오른 것을 확인하면 최대 12시간 이내에 열을 식히고 피부 온도를 정상화해 주어야 만성적인 열 노화로 이어지지 않는다. 생활 속에서 피부 온도를 낮추는 방법은 다양하지만, 잘

못 알려진 상식도 많으므로 무조건 따라 하기보다 자신의 피부 상태에 맞는 안전한 방법을 찾아 실천하는 것이 중요하다.

피부 온도를 내리기 위해 가장 흔히 하는 실수가 아주 차가운 물을 사용하거나 냉장고에 보관한 화장품을 사용하는 것이다. 그러나 너무 차가운 화장품은 오히려 열 노화를 부추길 수 있다. 갑작스레 피부 온도를 낮추면 피부는 적정 체온을 되찾기 위해 열을 발생시키는 '리바운드 현상'을 겪기 때문이다. 그러므로 단계적으로 천천히 온도를 내리고 유지하는 것이 중요하다.

충분한 수분 공급도 필수다. 우리 몸속 수분은 땀, 혈액 등 체액이 잘 이동할 수 있도록 돕는 역할을 한다. 체액은 열을 빠르게 식히고 체온을 조절하는 역할을 한다. 따라서 충분한 수분 섭취와 적절한 화장품 사용으로 신체 안팎의 수분을 공급하는 것만으로도 피부 온도를 낮추는 데 도움이 된다. 단, 수분 섭취 시에는 너무 차가운 음료보다 미지근한 것을 추천한다.

열을 내리는 데 가장 효과적인 화장품의 제형은 젤 타입이다. 워터 타입의 미스트나 토너도 피부 열을 빠르게 내리고 보습 효과가 좋지만 젤은 수분 함량이 높을 뿐만 아니라 입자가 크고 흡수가 더뎌 피부 표면에 겉도는 동안 열감을 배출하고, 수분을 유지하는 데 탁월하다. 충분한 시간차를 두고 여러 번 레이어링하면 리바운드 현상 없이 단계적으로 피부 온도를 낮출 수 있다.

# 속 땅김이 심하고
# 푸석푸석해요

## 세안 가이드

잦은 세안, 뜨거운 물 세안은 속 땅김이 심하고 푸석푸석한 피부의 부족한 지질 성분을 과도하게 제거하므로 피하는 것이 좋다. 세안 시에는 비누 대신 보습 성분이 함유된 부드러운 세안제를 사용한다. 적은 피부 자극에도 쉽게 붉어질 수 있으니 잦은 각질 제거, 스크럽제 사용에도 주의하자.

## 기초 스킨케어

유분과 수분의 균형을 맞춰 피부 장벽의 기능을 정상화하는 것이 관리의 핵심이다. 피부 건조로 인해 잔주름이 생기기 쉬우므로 세안 후 크림이나 오일 등으로 즉각적인 유분막을 씌워 수분 증발을 억제할 필요가 있다. 단, 지나치게 유분감이 많은 화장품은 오히려 자연적인 피지 생성을 방해하여 피부 건조를 가속화할 수 있으므로 주의한다. 지방산, 스쿠알렌 스쿠알란, 세라마이드, 글리세린, 히알루론산 등이 함유된 보습 제품을 사용할 것을 추천한다.

## 스페셜 케어

마사지와 팩을 이용해 탄력 저하를 예방한다. 마사지는 피부 신진대사를 활발하게 하고, 피부의 유수분 밸런스를 맞추는 효과가 있다. 보습을 위해 주 2~3회 정도 수분 마스크를 규칙적으로 사용한다.

## 생활 가이드

건조함을 유발하는 생활 습관과 환경적 요소를 최소화하자. 커피, 술, 담배 등을 멀리하고 찜질방이나 잦은 입욕, 사우나도 조심하는 것이 좋다. 춥고 건조한 날씨, 지나치게 높거나 낮은 실내 온도, 피부 건조를 유발하는 난방기, 냉방기의 사용 등도 수분을 앗아가는 요인이다. 무리한 다이어트를 피하고 비타민A·B·C·E 등과 미네랄을 충분히 섭취하도록 한다.

# 속 땅김은 없지만
# 푸석푸석해요

## 세안 가이드

자외선 차단제 사용이나 메이크업 후 클렌징 시에는 액상 혹은 오일 타입의 클렌징 제품을 사용해 유분이 과도하게 제거되지 않도록 주의한다.

## 기초 스킨케어

피지와 보습 능력 모두 부족한 악건성 피부와 비교하면 보습 능력은 좋은 편이지만 유분과 수분의 균형을 맞춰 현재의 피부 상태를 잘 유지하고 피부 장벽을 튼튼히 하는 것이 관리의 핵심이다. 알부틴, 코직산 등 미백에 도움이 되는 성분을 함유한 화장품을 사용하여 색소 침착을 예방하고 비타민C·E, 녹차 등의 항산화성분으로 피부 노화에 대비하자. 피지 분비가 적어 주름, 색소 침착 등에 취약하므로 외출 시 반드시 자외선 차단제를 사용하도록 한다.

## 스페셜 케어

마사지와 팩으로 탄력 저하를 예방하자. 속 땅김이 심한 피부와 마찬가지로 피부 신진대사를 활발하게 하고 피부의 유수분 밸런스를 맞추는 것이 중요하다.

**생활 가이드**

전신의 건강 상태나 계절, 환경, 스트레스에 따라 피부 상태가 쉽게 변하므로 규칙적인 생활을 영위하며 충분한 휴식과 수면, 적절한 운동, 몸에 좋은 건강한 음식, 녹황색 채소나 신선한 과일을 섭취하고 피부 유수분 밸런스에 유의한다.

# 피부가 건조할 때,
# 미스트와 페이셜 오일 활용법

미스트와 오일은 각기 다른 방식으로 피부에 수분과 영양을 공급한다. 각각의 특성을 이해하여 자신의 피부 상태와 필요에 따라 적절한 제품을 선택한다면 건조한 피부를 한결 촉촉하고 매끄럽게 가꿀 수 있다.

미스트는 피부에 즉각적으로 수분을 공급하여 상쾌한 느낌을 주며 사용이 간편하고 휴대도 용이하다. 하지만 잦은 미스트의 사용은 피부 속 자연 보습 요소의 감소를 촉진해 피부 스스로의 재생 능력을 저하시킬 수 있다. 이때 오일을 함께 사용하면 피부에 깊은 영양을 제공하는 것은 물론 오일이 피부에 보호막을 형성해 수분 증발을 막을 수 있다.

오일은 수분과 유분이 모두 부족한 피부에 적합하며, 피부에 윤기를 부여하고 피부 수분을 가두어 장시간 보습 유지가 가능하다. 반면 사용감이 다소 무겁고 흡수가 느려 피부에 겉돌 경우 지성 피부에는 부적합할 수 있다.

건조한 피부를 위해 페이셜 오일과 궁합이 좋은 미스트 및 로션 활용법을 알아보자.

## 미스트 + 오일

미스트는 피부를 촉촉하게 하고, 다음 단계에 사용하는 화장품의 흡수를 돕는다. 미스트를 뿌린 후 마르기 전 몇 방울의 오일을 손바닥에 덜어 따뜻하게 한 후 얼굴에 부드럽게 펴 발라 보자. 오일이 피부에 완전히 흡수되도록 가볍게 두드리면 미스트가 수분을 공급하고 오일이 피부의 수분을 가두어 보습 효과를 높일 수 있다.

## 로션 + 오일

세안 후 적당량의 로션을 손에 덜어 얼굴에 고르게 펴 바른다. 로션이 남아 있는 손에 오일을 몇 방울 떨어뜨려 섞은 후 얼굴에 부드럽게 마사지하듯 덧바른다. 목과 데콜테도 같은 방식으로 펴 발라 준다. 로션이 수분을 공급하고 오일이 그 위에 막을 형성하여 피부의 수분 손실을 방지할 수 있다. 특히 건조한 계절이나 피부가 푸석할 때 효과적이다.

건성 피부에는 아르간 오일이나 올리브 오일, 지성 피부에는 호호바 오일이나 티트리 오일이 좋으며, 손 외에도 마사지 롤러나 볼 등을 사용할 수 있다. 민감한 피부일 경우, 사용하기 전 패치 테스트를 통해 알레르기 반응이 없는지 확인하는 것이 좋다. 단, 마사지 시에는 너무 강한 압력은 피하고 주 1~2회 정도로만 하는 것이 적당하다.

# 각질 제거, 어떻게 할까요?

각질 제거는 건강하고 매끄러운 피부를 유지하는 데 중요한 과정이다. 각질 제거를 통해 죽은 피부 세포를 제거하고, 재생을 촉진할 수 있다. 효과적인 각질 제거 방법을 알아보자.

**각질 제거 제품의 선택**

**스크럽** 미세한 입자가 포함되어 물리적으로 각질을 제거한다.

**화학적 각질 제거제** AHA나 BHA가 함유된 제품은 화학적으로 각질을 녹여 제거하는 방식이다. 민감한 피부에는 스크럽이 자극이 될 수 있으므로 농도가 엷은 화학적 각질 제거제를 추천한다.

## 각질 제거 방법

### 물리적 각질 제거

**마사지**   깨끗이 세안 후 젖은 얼굴에 스크럽을 소량 덜어 1~2분간 원을 그리듯 부드럽게 마사지한다.

**헹굼**   미온수로 깨끗이 헹궈 낸다.

**보습**   각질 제거 후에는 보습제를 발라 피부를 진정시킨다.

### 화학적 각질 제거

**세안 후 바르기**   깨끗이 세안한 얼굴에 AHA 또는 BHA 제품을 화장 솜에 덜어 부드럽게 바른다.

**보습**   제품의 사용 지침에 따라 잠시 두었다가 헹구어 내고 보습제를 바르거나 그대로 두고 보습제를 바른다.

**주기 조절**   화학적 각질 제거제는 주 1~2회 정도 사용하는 것이 적당하다. 민감한 피부는 자극이 있을 수 있으므로 유의하고, 피부 상태에 따라 적절히 사용 빈도를 줄인다.

### 주의 사항

정기적인 각질 제거는 피부 건강에 큰 도움이 되지만, 너무 자주 하면 피부가 자극받아 오히려 손상될 수 있다. 피부 상태에 맞게 적절한 주기로 진행하고, 각질 제거 후에는 반드시 보습제를 발라 피부의 수분을 유지하도록 한다.

# 색소 침착이 심해요

**기초 스킨케어**

미백 효과가 있는 스킨케어 제품으로 피부 장벽의 신진대사를 관리하는 것은 색소 침착 상태를 경감시키는 데 도움이 된다. 비타민C, 나이아신아마이드, 알부틴, 감초 추출물 등이 함유된 제품을 추천한다. 단, 얼굴에 붉은 기가 있거나 민감한 편이라면 비타민C 성분의 제품은 피하고 나이아신아마이드나 알부틴 성분을 함유한 제품을 사용한다. 미백 기능성 화장품의 경우 최소 6개월 이상 매일 지속적으로 관리해 주는 것이 좋다.

안색 개선을 위해서는 미백 에센스를 사용하고 부분적으로 색소가 짙은 부위는 국소 부위용 스팟 트리트먼트 제품으로 관리한다. 색소 침착이 눈에 띈 때부터 꾸준히 사용하는 것이 중요하다.

색소 침착이 심한 경우 전문의와 상담하여 미백 연고 처방, 필링, 레이저 시술 등의 치료와 병행할 수 있다. 색소 침착을 예방하기 위해서는 자외선 차단제를 반드시 바른다. 자외선 차단제는 일광화상을 일으켜 색소 침착을 유발하는 자외선B는 물론 피부 깊숙이 침투하여 색소 침착 및 광노화를 일으키는 자외선A도 차단할 수 있도록 SPF

와 PA 차단 지수가 모두 표기된 제품을 사용한다. 비가 오는 날과 흐린 날에도 항상 적절한 SPF 지수의 자외선 차단제와 메이크업 제품을 사용하는 것이 좋다.

비타민C·E, 녹차 성분 등의 항산화제는 색소 침착 완화는 물론 노화 방지에도 효과적이다. 단, 빛에 반응해 피부를 민감하게 만들 수 있는 레몬, 라임 추출물 등의 성분은 색소 침착을 심화시키므로 주의한다. 에스트로겐 성분 또한 흑피증 같은 어두운 반점과 연관된 호르몬 분비를 촉진해 상태를 악화시킬 수 있다.

### 스페셜 케어

피부 색소 침착은 원인에 따라 증상도 다양한데 기미의 경우 피부의 신진대사를 돕기 위해 적절한 마사지와 팩으로 관리하는 것이 좋지만, 기계적 자극이나 마찰로 인해 생긴 염증 후 색소 침착은 외적 자극이 가해지면 기저층이 파괴될 수 있어 팩이나 마사지는 피하는 것이 좋다.

멜라닌 색소 배출과 미백 성분 흡수를 돕기 위해 각질을 제거하는 경우가 많지만 잦은 각질 제거 특히 스크럽 는 피부에 자극을 주어 오히려 해롭다.

### 생활 가이드

태닝과 햇빛 노출을 가능한 피하고 일상 외출이나 야외 활동 시에는 자외선 차단제와 보호복, 모자, 양산 등을 함께 사용한다. 색소 침착 부위가 심하지는 않지만 다소 신경 쓰인다면 딸기, 오렌지, 레몬, 귤, 감 등의 과일이나 토마토, 오이, 감자, 양배추 등의 식품을 섭취하는 것이 도움이 된다. 흡연은 금물이며 커피, 홍차, 녹차 등 카페인 음료를 과다 섭취하는 것도 피한다.

# 냉장고 속 재료로
# 투명 피부 만들기

### 오이

식탁의 단골 재료인 오이는 피부 온도를 낮추고 진정·미백 효과가 뛰어나 예부터 피부 미용에도 다양하게 활용되어 왔다. 오이 속 비타민, 미네랄, 클로로필 등의 성분은 피부를 맑게 하고 기미와 잡티 완화를 돕는 것으로 알려져 있다. 보습 효과 또한 뛰어나 특히 여름철 자외선에 손상되거나 건조한 피부에 눈에 띄는 효과를 발휘한다. 자극이 적어 여드름과 같은 염증 피부를 가라앉히는 데도 도움이 될 수 있다.

### 오이 팩 방법

신선한 오이를 깨끗이 씻어 사용 직전 얇게 슬라이스한다. 미리 잘라 두면 수분이 마를 수 있으므로 사용 직전에 준비하는 것이 좋다. 슬라이스한 오이를 얼굴에 고르게 붙이고 15~20분간 그대로 두었다 떼어 낸 다음 미온수로 얼굴을 깨끗이 씻어 낸다.

## 감자

감자는 다양한 요리에 활용되는 대중적인 재료로, 칼로리가 낮고 식이섬유와 비타민C·B₃ 등이 풍부하다. 감자를 미용 재료로 사용하면 미백과 보습 효과는 물론 부기를 가라앉히고 주름을 예방하며 피부결을 매끄럽게 하는 데 도움이 된다. 감자에 함유된 항산화 성분은 피부 노화를 예방하는 데도 도움을 줄 수 있다.

### 감자 팩 방법

감자 1개, 밀가루 약간, 꿀 1티스푼 등 집에서 늘 사용하는 식재료만 있으면 언제든 만들 수 있다. 먼저 감자는 껍질을 벗기고 깨끗이 씻어 강판에 간다. 이때 싹이 난 감자는 독성이 있을 수 있으므로 깨끗이 도려내고 사용해야 한다. 갈아 놓은 감자에 밀가루와 꿀을 넣고 잘 섞는다. 그런 다음 얼굴에 고르게 펴 바르고 15~20분간 그대로 두었다가 미온수로 깨끗이 씻어 낸다.

## MINI INFO  내 피부 속 베스트 프렌즈 - 멜라닌 세포와 각질 세포

피부에는 멜라닌 세포와 각질 세포라는 두 가지 중요한 세포가 있다. 멜라닌 세포는 피부의 색소를 생성하여 자외선으로부터 피부를 보호하고, 피부의 색깔을 결정짓는 역할을 한다. 이 세포는 주로 표피의 기저층에 위치하며, 멜라닌이라는 색소를 생성하여 피부에 색깔을 부여한다. 멜라닌의 양과 종류에 따라 피부의 밝기와 톤이 결정되며, 햇볕에 노출되면 더 많은 멜라닌을 생성하여 피부를 보호한다.

반면, 각질 세포는 피부의 가장 바깥층인 각질층을 형성하여 피부의 구조를 이루고 있다. 이 세포들은 외부 자극으로부터 피부를 보호하고, 수분 손실을 방지하는 역할을 한다. 각질 세포는 서로 겹쳐져 피부의 보호막을 형성하고, 이를 통해 외부의 유해 물질이나 병원균으로부터 피부를 방어한다.

멜라닌 세포와 각질 세포는 서로 밀접하게 연관되어 있다. 멜라닌 세포가 생성한 색소는 각질 세포를 통해 피부 표면에 전달되어 피부 톤을 균일하게 만든다. 또한, 각질 세포가 건강하게 기능할 때 멜라닌 세포의 자외선 차단 기능도 최적화된다. 이 두 세포가 서로 협력하여 건강한 피부를 유지하는 데 기여하므로 서로의 소중한 역할을 이해하고 돌보는 것이 건강한 피부를 위한 길이다.

# 〈 번들거리는 피부를 위한 루틴 〉

## 건강한 편이지만
## 번들거림이 심해요

### 세안 가이드

번들거림이 심한 피부는 피지가 모공을 막지 않도록 클렌징 제품을 이용해 메이크업을 닦아 낸 후 폼 클렌저로 세안한다. 미온수로 충분히 헹궈 낸 다음 차가운 물로 가볍게 마무리를 하면 모공이 일시적으로 수축하는 효과를 얻을 수 있다.

### 기초 스킨케어

글리세린 등 피부 수분 공급에 도움을 주는 성분을 포함한 오일 프리 타입의 가벼운 보습제를 사용한다. 유분이 과다 분비되는 부위에는 수렴 화장수를 사용하면 일시적으로 모공을 조여 피지 분비를 조절하는 효과를 얻을 수 있다.

### 스페셜 케어

피지 분비가 활발한 부위는 모공이 막히는 것을 방지하기 위해 주기적으로 각질을 제거하는 것이 좋다. 트러블 부위를 자극하는 스크럽제보다는 AHA, BHA 성분이 들어 있는 세안제가 각질 제거와 유분 감소에 효과적이다. 주 2~3회 정도 클레이 계열의 마스크를 사용하여 모공 깊숙이 있는 피지와 노폐물을 제거한다.

### 생활 가이드

주변 온도가 높아지면 피지 분비가 촉진될 수 있다. 일광욕, 사우나, 찜질방 등 온도가 높은 곳은 되도록 피하고 지방과 탄수화물의 과잉 섭취, 무리한 다이어트를 자제하는 것이 좋다. 충분한 물과 신선한 과일, 비타민B군을 섭취한다.

# 겉은 번들거리지만
# 속은 땅기는 느낌이에요

## 세안 가이드

번들거리면서도 속 땅김이 있는 피부는 세정력이 강한 알칼리 비누의 사용을 피해 보습력이 좋은 부드러운 세안제를 사용해야 한다. 물리적 자극도 피지 분비를 촉진할 수 있으므로 세안 시에는 손가락에 힘을 빼고 부드럽게 마사지하듯 문지르는 것이 좋다.

## 기초 스킨케어

글리세린 등 피부의 수분 공급에 도움을 주는 성분이 함유된 가벼운 오일 프리 타입의 보습제를 사용한다. 알코올 성분은 피부 건조를 유발할 수 있으니 피하고 유분을 흡착하거나 피지 분비를 억제하는 데 도움이 되는 성분을 함유한 화장품으로 관리한다.

여드름이 잘 생기는 편이라면 나이트 케어 시 레티놀 성분의 제품을 사용한다. 주름 케어는 물론 피지 분비 억제에도 도움이 된다.

## 스페셜 케어

피부 미용을 위한 스팀 타월, 차가운 얼음 사용은 모두 자제해야 한다. 급격한 피부 온도 변화를 야기시켜 트러블의 원인이 될 수 있기 때문이다.

주 2~3회 정도 클레이 계열의 마스크를 사용하여 모공 속 피지와 노폐물을 제거하고, 건조한 부위에는 수분 에센스를 여러 번 겹쳐 바르거나 보습력이 좋은 마스크를 사용하는 것을 추천한다.

### 생활 가이드

보습 성분의 화장품을 사용하는 것 외에도 물을 충분히 마셔 체내 수분을 유지하고 가습기를 틀어 실내 적정 습도를 유지하는 것도 중요하다.

영양 결핍은 피부 재생 사이클을 둔화시키므로 무리한 다이어트를 피하고 균형 잡힌 식습관을 유지한다. 콜레스테롤 수치를 낮추기 위한 약을 복용하는 사람들의 피부가 건조해지기 쉬운 이유도 영양 불균형 때문일 가능성이 높다.

# 모공이 도드라져 보여요

모공은 피지 과다뿐만 아니라 노화로 인해 피부 탄력이 저하되는 경우에도 도드라져 보일 수 있어 많은 사람이 고민하는 부분이다. 모공 관리를 위한 제품과 사용법을 알아보자.

## 기초 스킨케어

세안 후 토너를 손이나 화장 솜에 적당량 덜어 부드럽게 닦아 내듯 펴 바른다. 특히 모공이 넓어 보이는 부위에 집중적으로 사용하는 것이 좋다. 그런 다음 모공 수축 세럼을 두드리듯 발라 흡수시킨다. 세안 후 티트리 오일 또는 호호바 오일을 몇 방울 손바닥에 떨어뜨려 비빈 후 얼굴을 가볍게 감싸듯 바른다. 이런 오일들은 피부 수분을 유지하고 피지 분비를 조절해 모공을 깨끗하게 관리하는 데 도움을 준다.

## 스페셜 케어

세안 후 모공 속 피지와 노폐물 제거에 효과적인 팩을 고르게 펴 바른 후 10~15분 정도 두었다가 미온수로 깨끗이 헹궈 낸다. 주 1~2회 사용이 적당하다.

작은 알갱이가 함유된 물리적 스크럽제 또는 AHA, BHA 등의 각질 제거 성분이 함유된 화학적 각질 제거제를 주 1~2회 정도 사용한다. 스크럽제는 세안 후 적당량을 덜어 피부에 부드럽게 마사지한 후 미온수로 헹궈 내면 된다. 단, 트러블 피부는 스크럽에 의한 마찰이 자극이 될 수 있으므로 사용을 피하는 것이 좋다. 화학적 각질 제거제는 제품에 따라 사용 후 미온수로 헹궈 내거나 그대로 둔 채 보습제를 덧바른다.

화이트헤드와 블랙헤드가 도드라져 지저분해 보이는 부위에는 모공 전용 패치를 붙이고, 제품 지침에 따라 10~15분 후 떼어 낸다. 세안으로 잔여물을 제거하고 토너로 피부결을 정돈한다.


### 모공과 피부 상태에 따른 추천 아이템

다양한 제품을 적절히 활용하면 관리하지 않는 것보다 모공 관리에 도움이 된다. 자신의 피부 상태에 맞는 제품을 선택하고, 꾸준히 관리하여 깨끗하고 매끄러운 피부를 유지해 보자.

**지성 피부** AHA 또는 BHA 성분이 함유된 모공 수축 세럼이나 클레이 팩을 사용한다. 이러한 제품은 각질과 유분을 조절하고 모공을 깨끗하게 유지하는 데 효과적이다.

**건성 피부** 수분이 풍부한 모공 수축 세럼이나 보습 성분이 함유된 오일을 사용한다. 피부가 건조하면 피지가 과도하게 분비되어 모공이 도드라질 수 있으므로 보습 관리에 유의해야 한다.

**복합성 피부** 피지 분비가 많은 T존에는 클레이 팩이나 스크럽을, 피지 분비가 적은 U존에는 보습 성분이 함유된 제품을 사용하는 것이 좋다.

# 〈민감한 피부를 위한 루틴〉

## 물만 바뀌어도
## 트러블이 생겨요

### 세안 가이드

민감한 피부는 자극에 상당히 약하기 때문에 너무 차거나 뜨거운 물 세안은 피하는 것이 좋다. 포인트 메이크업은 립앤아이 리무버 전용 제품을 충분히 적신 면봉과 솜을 사용하되 문지르거나 닦아 내기보다 지그시 눌렀다 떼는 방식으로 지운다. 자극적이거나 세정력이 강한 비누 대신 계면활성제가 적어 거품이 많지 않으나 사용감이 부드러운 민감성 전용 세안제를 사용하고, 손 또는 거품망으로 충분히 거품을 내어 부드럽게 세정한다. 일부 더마 브랜드에서는 물 없이 세안할 수 있는 워터 또는 밀크 타입의 세안제도 출시되고 있으니 피부 상태에 따라 선택할 수 있다. 무엇보다 자극이 강한 각질 제거제는 피하는 것이 좋다.

### 기초 스킨케어

계면활성제, 방부제가 적고 미백제, 레티놀류, 비타민C, 향료, 색소 성분이 들어 있지 않은 진정, 수분 공급 위주의 화장품을 사용한다. 기능별로 여러 개의 제품을 사용하기보다는 캐모마일 추출물, 비타민E, 히알루론산, 알란토인 등의 성분을 함유한 한 가지 제품으로 관리하는 것이 좋다.

화장품을 도포할 때는 문지르거나 강한 손놀림에 의한 자극, 마찰 등을 피한다. 가벼운 느낌으로 부드럽게 두드려 흡수시키는 것이 효과적이다. 녹차 추출물 등의 항산화 성분과 알로에베라, 캐모마일, 티트리 등의 항염증 성분을 함유한 제품이 피부를 보호하고 진정시키는 데 도움이 된다.

안티에이징 크림 등의 사용도 주의해야 한다. 고기능 제품의 경우 민감한 피부에 자극이 될 수 있다.

### 스페셜 케어

과도한 팩, 특히 닦아 내는 타입의 제품은 사용을 자제하는 것이 좋다. 석고, 클레이 팩도 자극이 될 수 있으므로 사용하지 않는 것이 좋다. 단, 보습 마스크는 피부 장벽을 회복하는 데 도움이 될 수 있다. 염증 부위에는 뜨거운 스팀 타월이나 차가운 얼음 사용도 자제한다. 급격한 온도 변화는 피부 자극을 야기하여 염증을 악화시킬 수 있다.

### 생활 가이드

피부 저항력을 높이는 데 필요한 영양소인 단백질, 비타민$B_2 \cdot B_6$, 칼슘 등을 포함한 식품을 섭취한다. 우유, 유제품, 작은 생선, 해조류 등 비타민D를 함께 섭취하면 칼슘 흡수에 효과적이다. 과다한 당분 섭취는 피부 저항력을 약화시키고 염증 반응을 높일 수 있으므로 주의가 필요하다.

충분한 수면과 스트레스 조절, 변비 해소로 피지 분비를 조절하고 트러블을 예방한다.

# 건강하던 피부가
# 갑자기 예민해졌어요

## 세안 가이드

저자극 성분의 크림 타입 또는 젤 타입 클렌저를 사용한 다음 미온수로 얼굴을 적신 후 폼 클렌저를 손에 덜어 부드럽게 거품을 내어 마사지한다. 세안 시 세게 문지르지 않도록 주의하고, 잔여물이 남지 않도록 충분히 헹궈 낸다.

## 기초 스킨케어

알코올 프리 토너 또는 수분 공급 토너를 화장 솜에 듬뿍 적셔 얼굴에 얹어 둔다. 닦아 내듯 문지르면 자극이 될 수 있으므로 주의한다. 센텔라 아시아티카, 알로에 베라 등 진정 효과가 있는 성분을 함유한 세럼을 손바닥에 덜어 얼굴을 감싸듯 가볍게 눌러 흡수시킨다. 스킨케어 마무리 단계에는 향료 및 알코올이 없는 저자극 성분의 보습 크림을 적당량 덜어 얼굴 전체에 고르게 펴 발라 외부 자극으로부터 예민해진 피부를 보호한다.

민감성 피부용 저자극 선크림을 적당량 덜어 고르게 펴 바른다. 자외선 차단은 민감한 피부를 보호하는 데 필수적이므로 아침 스킨케어의 마지막 단계에 빼놓지 않고 바른다.

## 스페셜 케어

주 1~2회 진정 효과가 있는 시트 마스크나 클레이 마스크로 피부를 진정시킨다. 각질 제거나 강한 성분의 제품은 당분간 피하는 것이 좋다.

## 생활 가이드

충분한 수분 섭취와 균형 잡힌 식사를 통해 피부 건강을 유지한다.

# 여드름 피부,
# 이렇게 관리하세요

### 세안 가이드

너무 잦은 세안도 피부에 자극이 될 수 있다. 하루에 두 번, 아침과 저녁에 자극이 적은 부드러운 세안제를 사용해 과도한 유분과 불순물을 제거한다. 세정력이 강한 클렌징 제품은 오히려 피부를 자극할 수 있으니 주의한다. 여드름성 피부를 완화하는 데 도움이 되는 인체 세정용 기능성 화장품은 '의약품 안전나라'에서 제품명, 업체명 등을 입력하면 품목 정보를 확인할 수 있다.

### 기초 스킨케어

여드름 피부는 화학 성분에 민감할 수 있으므로 알코올, 인공 향료 등이 포함되지 않은 제품을 사용하는 것이 좋다.

여드름 피부도 보습이 필요하다. 피부가 건조하면 오히려 피지 분비가 왕성할 수 있으니 오일 프리 성분의 모공을 막지 않는 논코메도제닉 보습제를 사용하는 것이 좋다.

## 생활 가이드

여드름 증상이 심한 경우 화장품만으로 관리가 어려우므로 항염증제 등의 병원 치료가 필요할 수 있다. 그 외 스킨케어를 비롯한 일상생활에서의 관리법은 피부의 청결을 유지하는 것에 중점을 두어야 한다. 평소 머리카락이 이마나 얼굴에 닿지 않게 하고, 얼굴과 머리에 닿는 물건 역시 청결하게 관리해야 한다. 손으로 얼굴을 만지거나 여드름을 짜면 감염을 유발해 흉터를 남길 수 있으니 주의해야 한다.

과도한 당분과 기름진 음식은 피하고 과일, 채소, 물을 충분히 섭취한다. 스트레스 역시 호르몬 변화를 일으켜 여드름을 악화시킬 수 있으니 규칙적인 운동과 충분한 수면으로 스트레스 관리에 신경 쓴다.

여드름이 심하거나 자가 관리로 개선되지 않는다면 피부과 전문의를 찾아 상담할 것을 권한다.

# 성인 여드름은
# 어떻게 관리할까요?

**세안 가이드 & 기초 스킨케어**

성인 여드름은 호르몬 변화, 스트레스, 잘못된 피부 관리와 식습관, 유전적 요인, 환경적 요인 등 다양한 원인으로 발생할 수 있으므로 개개인의 원인을 파악하고 그에 맞는 관리법을 적용하는 것이 중요하다. 이를 효과적으로 관리하기 위해서는 적절한 세안과 여드름 전용 제품 사용이 중요하며, 오일 프리 보습제로 피부를 촉촉하게 유지해야 한다. 주기적인 각질 제거를 통해 모공이 막히지 않도록 관리하는 것 또한 필요하다. 주 1~2회 각질 제거를 통해 죽은 피부 세포를 제거하고, 모공이 막히지 않도록 해야 한다.

**생활 가이드**

내적인 관리도 중요하다. 꾸준한 운동과 명상 등으로 스트레스를 줄이고 균형 잡힌 식사를 통해 피부 건강을 도모한다. 신선한 과일과 채소를 포함한 균형 잡힌 식사를 유지하고 가공식품이나 설탕이 많은 음식은 피하는 것이 좋다.

여드름이 심하거나 지속될 경우 피부과 전문의와 상담하여 적절한 치료를 받을 것을 권한다. 여드름 피부는 지속적인 관리와 올바른 제품 사용이 중요하다는 점을 잊지 말자.

# 노화, 질병은 아니지만

노화 연구에 관한 최신 키워드인 텔로미어는 염색체 끝에 위치한 DNA 서열로, 유전 정보를 보호하는 역할을 한다. 이 텔로미어는 세포가 분열할 때마다 점점 짧아져 세포 노화, 세포 사멸, 암 등의 질병 발생에도 관여하는 것으로 알려져 있는데 신생아의 텔로미어 길이는 약 8,000 염기쌍이지만 나이가 들수록 점점 짧아져 노년에는 약 1,500 염기쌍 수준이 된다. 세포 분열 시 매번 30~200 염기쌍씩 줄어드는 셈이다. 다시 말하면 이 텔로미어 길이를 유지하거나 늘리는 것이 노화 억제와 수명 연장에 도움이 될 수 있다는 결론이다. 이를 위해 텔로미어 효소인 텔로머레이스 활성화, 항산화제 섭취, 스트레스 관리 등의 방법이 다양하게 연구되고 있다.

피부 노화는 유전적 요인, 호르몬 변화, 세포 노화 등으로 인한 내인성 노화와 자외선, 오염, 흡연 등 외부 환경 요인에 의한 외인성 노화로 구분 지을 수 있다. 가장 먼저 나타나는 노화의 징후로는 표정 근육의 움직임으로 인한 눈가 주름과 이마 주름, 피부 탄력 저하로 인한 목주름, 세월의 흐름에 따라 지방 조직이 감소하면서 나타나는 볼 처짐과 눈 주위 움푹 꺼짐 등의 현상을 꼽을 수 있다.

노화는 자연적인 과정이지만 다양한 요인에 의해 가속화될 수 있다. 신진대사가 저하되어 각질 세포의 생성과 탈락 속도가 느려지고 각질층이 두꺼워져 표피의 매끄러움이 감소하는 것을 비롯해 피부의 수분 유지 기능이 떨어져 건조하고 알칼리화되는 것도 그중 하나다. 진피의 경우 두께가 얇아지고 콜라겐과 엘라스틴의 양이 감소하여 탄력과 유연성이 떨어진다. 수분 저장 능력도 감소하여 피부 꺼짐이 발생하면서 주름이 생기고 건조해진다.

스트레스 또한 피부 기능에 부정적인 영향을 미치는 중요한 요인으로 피지선의 활동 저하, 피부 장벽 기능 저하 등을 초래하는 것은 물론 주름, 기미, 탈모를 유발하여 노화를 가속화시킨다.

여성 호르몬의 불균형으로 인한 피부 건조와 톤 변화, 탄력 감소에도 유의해야 한다. 이는 폐경 후 노화가 빨리 진행되는 이유이기도 하다.

자외선으로 인한 광노화로 피부가 두꺼워지고 깊은 주름이 생기기도 한다. 광노화 현상은 자외선에 노출된 부위에 두드러지며, 피부암의 발생 위험도 증가시킨다.

피부 노화를 예방하고 관리하기 위한 첫 번째 방법은 자외선 차단제를 사용해 광노화를 예방하는 것이다. 충분한 수분 섭취와 보습 관리로 피부 건조를 예방하는 것도 중요하다. 특히 밤 10시~새벽 2시 사이는 피부에 영양분과 산소가 많이 공급되고 피부 재생 활동이 활발해지는 시간대로 피부가 영양분을 흡수하고 호흡을 충분히 할 수 있도록 잠을 충분히 자는 것이 중요하다. 세 번째는 규칙적인 운동과 스트레스 관리로 내인성 노화를 지연시키는 것이다. 마지막으로, 건강하고 균형 잡힌 식단으로 규칙적인 식사를 하는 것을 꼽을 수 있다. 특히 과일과 채소 등 천연 항산화 성분이 다량 함유된 식품을 충분히 섭취하도록 한다.

# 주름이 눈에 띄게 늘었어요

### 세안 가이드

과도한 클렌징이나 거친 세안 도구 사용 등으로 피부에 자극을 주는 행위는 주름의 원인이 될 수 있다. 세정력 강한 알칼리 비누보다는 부드러운 세안제로 거품을 풍성하게 만들어 부드럽게 세안하는 것이 좋다.

세안제의 잔여물이 남지 않도록 충분히 헹궈 내는 것도 중요하다. 세안제의 잔여물이 피부에 누적되면 가려움 등의 증상이 생기거나 여드름, 뽀루지 등이 심해질 수 있다. 기미, 주근깨가 진해지고 피부 톤이 어두워질 수 있으며 신진대사 촉진을 방해해 피부 노화를 촉진할 수도 있다.

### 기초 스킨케어

광노화 및 색소 침착을 가속화하여 영구적인 주름을 생성하는 자외선 차단에 신경 쓴다. 매일 자외선 차단제를 사용하되 자외선B는 물론 광노화의 주범인 자외선A까지 차단하는 제품을 선택한다. SPF와 PA 2개의 차단 지수가 모두 표기된 제품인지 확인하는 것이 중요하다.

비타민C와 E, 녹차 등의 항산화 성분을 함유한 화장품은 주름과 색소 침착을 예방하는 데 도움을 줄 수 있다. 화장수와 보습 성분의 에센스로 충분한 수분을 공급하고 크림으로 마무리해 외부로 수분을 빼앗기지 않도록 관리한다. 레티놀 등의 비타민A 유도체, AHA, 에스트로겐 라이크, 비타민E·C, 녹차 추출물 등 항산화 성분이 함유된 화장품도 도움이 된다.

## 스페셜 케어

나이가 들어감에 따라 피부 재생 주기가 느려져 퇴화된 각질이 제때 떨어져 나가지 못할 수 있다. 이럴 경우 AHA, BHA 성분이 들어 있는 각질 제거제의 도움을 받을 수 있다. 반대로 지나친 각질 제거로 피부 각화 주기가 빨라지는 경우에는 피부 장벽 기능이 저하될 수 있으므로 각질 제거제 또는 회전 브러시 등 세안 도구를 자주 사용하는 것은 피한다.

수분과 유분이 적절히 함유된 영양 크림으로 마사지를 해 혈액 순환과 피지 분비를 돕고 주 2~3회 정도는 노화 방지에 도움이 되는 항상화 성분의 앰플과 콜라겐 마스크 등으로 보습과 탄력을 향상시키도록 한다.

## 생활 가이드

턱을 괴는 등의 좋지 않은 습관이나 찡그리는 등의 반복적인 표정으로 인해 고착되는 주름을 예방하기 위해서는 바른 자세와 좋은 표정 짓기를 습관적으로 생활화할 필요가 있다. 잦은 사우나 혹은 찜질방의 이용, 일광욕, 인공 태닝 등도 피부 노화를 가속시킬 수 있으므로 자제하는 것이 좋다. 과도한 다이어트, 음주, 흡연 등 체내 활성 산소를 생성하는 습관을 피하고 충분한 휴식과 수면, 적절한 스트레스 관리, 균형 잡힌 식단을 생활화하자. 피부는 우리 신체 중 가장 면적이 넓은 장기로, 얼굴부터 전신까지 하나로 이어져 있어 규칙적인 운동을 생활화하는 것만으로도 얼굴은 물론 전신 피부의 탄력 회복에 상당한 도움이 된다.

피부 탄력과 노화 예방, 자외선으로 인한 피부 손상 회복 등에 도움이 되는 식품을 고르게 섭취하는 것도 중요하다. 나이에 비해 주름이 많은 여성은 그렇지 않은 여성에 비해 단백질, 인, 칼륨, 비타민A·C의 섭취량이 현저히 낮은 것으로 보고된 사례도 있다. 미국 중년 여성의 식이 영양소 섭취와 피부 노화 현상에 대한 연구 Maeve C Cosgrove 외, 2007 에 따르면, 해당 영양소의 섭취를 충분히 하는 것만으로도 어느 정도 노화의 시간을 지연시킬 수 있을 것으로 기대할 수 있다. 연어, 고등어 등 필수 지방산이 듬뿍 들어 있는 생선류를 비롯해 체내 콜라겐과 엘라스틴의 생성을 촉진하는 카로티노이드 베타카로틴 및 리코펜, 비타민C·E 등의 항산화 성분이 다량 함유되어 있는 과일과 채소류로 식단을 구성해 보자. 리코펜 성분이 풍부한 토마토류, 카테킨의 보고 녹차 등도 항산화 효과가 뛰어난 대표적인 식품이다. 피부 재생과 항산화 효소의 활성화를 돕는 미네랄, 폴리페놀 등을 함께 섭취하면 더욱 좋은 시너지를 기대할 수 있다. 식품으로의 섭취가 용이하지 않다면 건강보조식품으로 출시된 이너 뷰티 제품을 꾸준히 섭취하는 것도 대안이 될 수 있다.

다소 아쉽겠지만, 우리가 일상적으로 마시는 커피는 이뇨 작용이 뛰어나 체내 수분 부족 현상을 가져올 수 있으므로 피부 건강을 위해서는 피하는 것이 바람직하다.

# 머리카락이
# 너무 많이 빠져요

탈모의 원인은 유전, 호르몬의 불균형, 피지의 이상 분비, 비타민 부족에 의한 각화 이상, 자율신경의 불균형, 혈행장애 및 위장장애 등 60여 가지에 달할 정도로 다양하며 여러 요인이 복합적으로 작용하는 경우가 대부분이다. 원인이 다양한 만큼 관리에 있어서도 어려움이 있다.

탈모성 두피에는 일반적으로 두피가 단단해지는 경화 현상과 모발이 가늘고 약해지는 연모화가 나타난다. 한 개의 모공에 1개의 모발이 보이거나 빈 모공이 발견되기도 한다.

### 관리법

탈모 샴푸는 두피에 자극이 적고 모발에 필요한 영양 성분을 함유한 제품을 선택하는 것이 중요하다. 청결한 두피 상태에서 탈모 관리 제품을 꾸준히 사용하면 어느 정도 도움이 된다. 드라이어와 고데기 같은 열기구의 과도한 사용은 모발은 물론 두피 건강에도 좋지 않은 영향을 미칠 수 있으므로 가능하면 자연 건조 또는 저온의 바람에 말릴 것을 권장한다. 탈모가 심해지거나 걱정된다면 피부과나 탈모 전문 클리닉을 방문해 전문가의 상담을 받도록 한다.

　탈모 전문 클리닉에서의 두피 관리는 두피 혈행 촉진과 모근 영양 공급에 초점을 맞추어 모공 청결 – pH 밸런스 – 두피 살균 관리 – 염증 관리 – 예민 관리 – 진정 관리 – 탈모 관리의 순서로 진행된다. 두피 정상화가 이루어진 이후의 관리도 중요하다. 충분한 수면과 균형 잡힌 식생활을 유지하며 꾸준한 운동과 적절한 스트레스 해소법으로 일상을 관리하는 것을 추천한다. 승모근 부위를 자주 마사지해 두피 혈행을 촉진하는 것도 도움이 된다. 신체적 질병이 존재할 경우 질병 치료를 우선적으로 한 후 탈모 치료를 해야 한다.

# 두피가 건조하고 땅겨요

　두피의 수분 부족과 피지 분비 이상으로 유분과 수분의 공급이 원활히 이루어지지 않은 상태를 건성 두피라 할 수 있는데, 두피 땅김이나 가려움, 부분적인 염증 등이 발생할 수 있다. 또한, 수분 부족으로 모공 각화가 생길 수 있으며, 세포 호흡 작용의 이상으로 모발이 가늘어질 수 있다.

　건성 두피의 내적 요인으로는 호르몬 분비 이상, 다이어트 등으로 인한 영양 불균형, 스트레스, 두피의 수분 부족 등이 있으며, 외적 요인으로는 잦은 드라이, 화학 시술 등으로 인한 각질층 손상과 수분 유실을 꼽을 수 있다. 일반적으로 내적 요인보다 외적 요인이 더 큰 영향을 미치는 것으로 알려져 있다.

## 관리법

　외적 요인에 의한 두피 건성화는 각질층의 보습과 염증 및 피지 조절에 중점을 두어 관리해야 한다. 보습 성분을 함유한 pH 5.5 정도의 약산성 샴푸를 사용하되 모발 성장에 관여하는 모모세포의 활동 시간을 고려하여 저녁 시간대에 머리를 감고 두피 영양제를 도포하는 것을 권한다.

비타민A·B군의 섭취와 충분한 수면, 환기를 자주 시키고 실내 습도를 60%대로 유지하는 것도 도움이 되며, 스타일링제 사용 시에는 두피에 닿지 않도록 주의하여 모발 위주로만 제품을 쓰도록 한다.

# 매일 감아도 떡지는 머리카락

매일 아침 머리를 감아도 오후가 되면 머리카락에 유분감이 그득하다면 과다한 피지로 인한 지성 두피일 가능성이 높다. 지성 두피는 피지 산화로 인한 독특한 냄새와 염증, 가려움증 등을 동반한다. 두피가 투명감 없이 둔탁해 보이는 특징이 있으며, 모공 주변이 심하게 막혀 있고 끈적임이 두드러지게 나타난다. 모발의 탄력이 떨어지고 굵기가 가늘어지는 연모화 현상을 볼 수 있으며, 모발의 밀도도 적어 빈 모공의 수가 늘어나는 것이 특징이다.

지성 두피의 내적 원인으로는 호르몬 불균형 남성 호르몬, 황체 호르몬, 여성의 월경, 동물성 지방 및 당분의 과다 섭취, 비타민$B_6$의 결핍, 스트레스 등이 있으며 여성보다는 남성, 노년층보다는 청년층에서 쉽게 발생한다. 20~30대 남성의 두피에서 유분감이 심하게 나타나는 것도 이 때문이다. 외적 원인으로는 지나친 두피 마사지, 잘못된 세정법, 불규칙한 샴푸 주기 등 일상생활에서 행하는 잘못된 관리법이 대부분이다.

## 관리법

지성 두피의 관리는 원활한 피지 분비와 두피 청결에 관리 초점을 맞춘다. 피지의 산화로 인한 염증, 악취, 균의 서식 등이 문제가 될 수 있기 때문이다. 식생활과 건강 상태 등을 점검해 내분비 계통 등에 건강상의 문제가 있을 경우 의학적 치료와 두피 관리를 병행한다.

세정 시에는 pH 5~6 정도의 약산성 탈모 기능성 샴푸를 사용하고, 미온수로 모발을 충분히 적신 다음 손바닥에 샴푸를 덜어 거품을 내고 3분 정도 지문을 이용해 가볍게 마사지한다. 샴푸 전 모발 위주로 가볍게 브러싱하는 것도 더러움을 제거하는 데 도움이 된다. 머리를 감은 후에는 완전히 말린 후 잠자리에 든다.

자극적 음식, 당분, 동물성 지방의 과다 섭취를 자제하고 충분한 수면과 적절한 스트레스 해소가 필요하다.

# 허옇게 일어나는
# 비듬이 고민이에요

허옇게 일어나는 비듬 때문에 검은 옷은 엄두도 내지 못하고 있다면 두피 상태부터 점검해 보자. 비듬은 묵은 세포가 새로이 생성된 세포에 밀려 올라가 두피 겉으로 각질화된 것으로, 두피에 쌓여 있는 형태를 말한다.

비듬은 두피의 건조, 과다 피지 분비와 세균 번식, 노폐물, 남성 호르몬, 비듬균<sub>말라세지아균</sub>의 이상 증식, 호르몬 불균형, 유전 요인, 환경적 요인, 생리적 요인 등에 의해 발생한다. 증상에 따라 건성 비듬과 지성 비듬으로 구분되는데, 공통적으로 가려움증을 동반하는 것이 특징이다. 심한 경우 따갑고 피부가 갈라지거나 붉게 부풀어 오르며, 두피가 습해지면서 염증을 일으키기도 한다. 시큼한 악취와 함께 탈모로 이어질 가능성도 있어 적극적인 관리가 필요하다.

## 관리법

이상 증식 방지를 위해 비듬균의 서식 환경을 개선하고 두피의 면역력을 강화하는 것이 중요하다. 이를 위해서는 두피 pH 균형을 바로 잡고 살균·소독을 통해 염증을 관리하고 피지 분비를 원활히 해 산화 oxidation 를 지연시켜야 한다. 샴푸 전 두피에 자극을 주지 않을 정도의 가벼운 브러싱으로 각질을 떨어낸 후 두피 관리에 도움이 되는 샴푸로 충분히 거품을 내어 마사지하고, 잔여물이 남지 않도록 충분히 헹궈 낸다. 샴푸 후에는 두피까지 완전히 말린 후 잠자리에 든다.

헤어 시술 시에는 두피 상태를 반드시 고려하고, 시술 후 진정 관리는 필수다. 실내 습도를 약 60%로 조절하는 것도 도움이 된다.

비타민A 식품군의 섭취도 도움이 된다. 단, 과다 섭취 시에는 오히려 탈모를 유발할 수 있으니 유의한다. 비타민$B_6$·$B_7$ 함유 식품을 적극적으로 섭취하고, 자극적인 음식은 자제할 필요가 있다. 스트레스 해소와 운동을 통한 신진대사 기능 향상 또한 도움이 된다. 사우나 또는 땀을 많이 흘리는 운동 후에는 두피 청결에 신경 써야 한다.

# 두피가 따갑고
# 열감이 느껴져요

두피가 자주 따갑고 열감이 느껴진다면 두피의 모세혈관이 확장되어 약한 자극에도 예민하게 반응하는 민감성 두피로 볼 수 있다. 민감성 두피는 전체적으로 붉은 기를 띄면서 홍반과 염증, 또는 가느다란 실핏줄이 보이기도 한다.

민감성 두피의 증상은 건강하던 두피에서도 발생할 수 있다. 바이러스의 침투로 저항력이 약해서 가려움증이 동반되거나 홍반이 확산되어 모낭염으로 이어지는 경우도 있다. 민감성 두피의 내적 원인으로는 수면 부족, 과음, 잘못된 식생활, 스트레스, 호르몬 분비 이상 등이 있으며, 외적 원인으로는 자극적인 샴푸의 사용, 잘못된 샴푸 방법과 브러싱법, 잦은 화학적 시술, 두피 내 균의 이상 증식, 피부 각화 주기 이상, 스타일링제의 과다 사용 등이 있다.

## 관리법

민감성 두피는 상피세포의 재생과 두피에 존재하는 곰팡이, 박테리아, 병원성 세균 등의 증식을 억제하는 데 관리의 초점을 맞춘다. 잘못된 샴푸법과 브러싱법, 불규칙적인 식사, 수면 부족, 스트레스 등 일상생활의 근본적인 개선이 필요하며 잦은 사우나 출입을 자제해야 한다. 사우나 출입 시에는 냉 타월을 이용하여 두피를 보호하는 것이 좋다. 탄수화물의 지나친 섭취를 자제하고 두피 상태를 고려한 헤어 시술과 금연, 금주도 필요하다.

비타민B$_6$의 균형 잡힌 섭취가 도움이 되며, 진정 효과가 있는 약산성의 저자극성 샴푸를 사용한다.

# 머릿결 손상 예방 노하우

헤어 스트레이트너와 펌제를 사용할 때마다 머릿결 손상이 걱정된다면?

헤어 스트레이트너는 열을 이용하여 머리카락을 펴는 제품이다. 머리카락을 펴는 과정에서 수분을 증발시켜 머리카락의 가장 바깥쪽 큐티클층을 손상시킬 수 있다. 큐티클층은 머리카락을 보호하는 역할을 하므로 손상 시 머리카락이 건조하고 푸석푸석해질 수 있으며 심하면 머리카락이 끊어질 수도 있다.

펌제는 머리카락의 단백질 구조를 변형시켜 컬을 형성하는 제품이다. 일반적으로 알칼리성을 띠는데, 펌제의 알칼리성 성분은 머리카락의 큐티클층을 열어 단백질 구조를 끊고 모발의 형태를 변형시키는 역할을 한다. 이 과정에서 머리카락의 단백질 구조가 손상되어 머리카락이 건조하고 푸석푸석해질 수 있다.

## 관리법

그렇다면 헤어 스트레이트너와 펌제 사용으로 인한 모발 손상을 최소화하는 방법은 무엇일까? 먼저 사용 전 모발을 세정하고 컨디셔너로 보습을 충분히 하는 것이 중요하다. 스트레이트너 사용 전에는 열 보호제를 발라 열로 인한 손상을 줄인다. 모발을 작은 섹션으로 나누어 스트레이트너나 펌제를 적용하면 열이 보다 고르게 전달되어 손상을 줄일 수 있다.

시술 후에는 컨디셔닝 트리트먼트로 모발 회복을 돕는다. 주기적으로 모발 영양제를 사용하는 것을 추천한다.

## MINI INFO    손상된 머릿결, 어떻게 관리하나요

손상된 머릿결을 관리하는 첫 번째 방법은 정기적인 트리트먼트로 모발에 영양을 공급하는 것이다. 컨디셔닝 트리트먼트나 헤어 마스크를 주 1~2회 사용해 모발에 수분과 영양을 보충한다.

헤어드라이어, 고데기, 컬링 아이언과 같은 열 스타일링 도구는 손상된 모발을 악화시킬 수 있다. 샴푸 후에는 가능하면 모발을 자연 건조 또는 저온에서 건조하는 것이 좋다. 머리를 빗을 때는 머릿결이 손상되지 않도록 부드러운 브러시로 천천히 빗는다.

머리끝이 갈라지거나 과도하게 끊어진다면 손상된 부위를 잘라내어 모발 손상이 심해지는 것을 예방하고 모발 성장을 촉진한다.

# ⟨영유아 피부 관리⟩

# 영유아 피부,
# 어른과 어떻게 다른가요?

어른의 피부는 두껍고 각질층이 발달하여 외부 환경에 대한 저항력이 강하다. 유분과 수분의 균형도 안정적이다. 반면, 영유아 피부는 성인 피부보다 얇고 부드러우며 유연하지만 외부 자극에 더 민감하다. 수분은 많지만 유분은 적어 쉽게 건조해진다. 영유아 피부는 재생력이 뛰어난 만큼 외부 자극에 민감하여 발진이나 염증이 쉽게 발생할 수 있는 것에 반해 재생 속도가 느린 어른의 피부는 특정 자극에 대한 면역력이 더 강하다. 이러한 차이로 영유아 피부는 보다 섬세한 관리가 필요하며, 자극이 적은 제품을 사용하는 것이 중요하다.

## 관리법

영유아 피부에 적합한 제품으로는 식품의약품안전처에서 인증한 영유아용 화장품을 꼽을 수 있다. 영유아용 화장품은 안전성이 사전 검토된 제품만이 영유아용으로 표시·광고할 수 있으므로 이에 대한 표기를 확인한다.

과도한 세안을 피하고, 하루에 1~2회 미지근한 물로 부드럽게 씻어 내는 정도로만 한다. 특히 영유아 피부는 수분 유지력이 부족하므로 씻은 후에는 보습제를 충분히, 자주 바르는 것이 중요하다. 영유아용 보습제는 연약한 피부를 촉촉하게 유지하여 건조함을 방지하는 데 도움을 준다.

햇볕이 강한 날에는 모자와 선글라스를 착용하도록 하되 6개월 이하 유아는 자외선 차단제를 사용하지 않는 것이 바람직하다. 5세 미만인 아동에게는 자극이 적은 물리적 자외선 차단제를 사용하여 자외선으로부터 피부를 보호하는 것이 좋다.

# 영유아용 화장품의 사용

　영유아용 화장품은 성인 피부와 영유아 피부의 차이를 고려하여 만 3세 이하의 영유아가 사용하기에 적합하도록 만들어진 화장품이다. 사용 시에는 영유아의 피부 타입과 특성에 맞는 제품을 선택하는 것이 중요하다. 영유아의 피부 또는 건강 상태, 알레르기 경험 여부 등을 고려하여 사용 전 전문의 상담과 패치 테스트를 권장한다. 사용 시에는 내용물이 눈 또는 입에 들어가지 않도록 주의한다.

　제품을 개봉한 후에는 가급적 빠르게 사용하고, 사용 중 피부에 이상이 생길 경우 사용을 즉시 중단해야 한다. 기초 제품의 경우 개봉 후 1년, 클렌저는 1년~1년 6개월, 자외선 차단제는 6개월 이내 사용을 권장한다. 제품 보관 시에는 뚜껑을 잘 닫고, 직사광선을 피해 서늘한 곳 11~15℃ 에 둔다.

　영유아의 세정 방법에 대해서도 살펴보자. 영유아용 화장품은 영유아의 피부에 맞게 만들어져 있다. 세정제 역시 물로 세안하는 것보다 부드럽게 닦아 내는 용도인 경우가 많으므로 사용 방법부터 사전에 확인할 필요가 있다. 세정 제품 사용 시에는 먼저 손을 깨끗이 씻은 후 적당량을 손에 덜어서 영유아의 얼굴과 몸을 부드럽게 문지르듯 닦아 낸다. 마지막으로, 물로 깨끗하게 헹궈 내고 보습제를 발라 마무리한다. 제품

마다 사용 방법이 다를 수 있다는 점도 참고하자.

영유아 화장품 사용 중 부작용이 나타났을 때는 어떻게 대처해야 할까? 피부가 예민하고 면역력이 떨어진 상태라면 평소 사용하던 화장품에 대해서도 과민 반응을 보일 수 있다. 화장품에 자극적인 성분이 들어 있지 않더라도 아이의 피부 문제로 염증이나 아토피 등의 증상이 나타날 가능성이 높다는 뜻이다. 실제로 영유아 화장품에 대한 부작용 클레임은 아토피 제품에 집중적으로 나타나는 특성이 있다. 이럴 경우, 아토피 피부가 화장품을 비롯한 모든 외부 물질에 과민 반응을 보이는 것이므로 방치하지 말고 신속히 의료진의 도움을 받도록 한다.

## MINI INFO  영유아 화장품 선택 시 꼭 확인해야 할 성분

영유아 화장품 선택 시 꼭 확인해야 하는 성분들이 있을까?

정답은 '있다!' 영유아 화장품에 사용할 수 없는 성분은 살리실릭애씨드 및 그 염류(샴푸류는 제외), 아이오도프로피닐부틸카바메이트(Iodopropynyl Butylcarbamate: 목욕용 제품, 샤워 젤류 및 샴푸류는 제외), 타르 색소 적색 2호, 적색 102호 등이다.

영유아의 피부는 매우 민감하기 때문에 이러한 성분이 화장품에 함유되어 있을 경우 가려움증, 발진, 홍반, 부종 등 알레르기 반응을 일으킬 수 있다. 물론 알레르기를 일으킬 만한 물질을 무조건 피할 필요는 없다. 알레르기가 없는 아이는 알레르기 유발 성분을 발라도 아무 문제가 없기 때문이다.

PART 7

# 대한민국 화장품 산업의 과거, 현재, 미래

아름다움에 대한 욕망은 인간의 본능일까, 사회문화적 가치관에 의해 강요된 것일까. 한 가지 확실한 것은 결론 내리기 어려운 이 흥미로운 주제로 인해 인류의 역사가 수많은 변곡점을 맞이해 왔다는 점이다. '아름다움'이 인간의 삶을 영위하는 데 중요한 가치를 지닌 것은 분명하나 그것이 '산업'의 범주로 이해되기 시작한 것은 근대 이후의 일이라 할 수 있다. 인간이 만들어 낸 재화나 서비스가 '산업'의 범주에 포함되기 위해서는 생계를 유지하고 삶을 풍요롭게 하기 위한 '경제적 활동'이 포함되어야 하기 때문이다.

　대한민국의 역사에서도 미용은 근대 이후에야 '산업'으로서의 틀을 갖추게 되었다. 그러나 동서고금을 막론하고 '아름다움'에 대한 가치를 존중하고 이를 삶의 일부로 받아들이는 문화적 양식은 태초의 것에서부터 시작되었음을 간과하지 말아야 한다. 인류의 역사에서 아름다움은 때로 역사의 향방을 결정하는 중요한 가치이자 소용돌이의 배경으로 작용해 왔다. 이를 어떻게 바라보고 지켜나갈 것인가는 미래의 인류에 남겨진 숙제다. 뷰티 산업의 과거, 그리고 현재가 인류의 미래를 이끌어 가는 소중한 자산이 되기를 아낌없이 바라는 이유다.

# K-뷰티는 어떻게
# 세계의 중심이 되었나

    K-드라마의 인기로 시작된 한류 열풍은 K-팝, K-컬처에 대한 세계적인 관심과 열기로 이어지고 있다. 세계인들의 눈에 한국인의 삶과 문화는 단순한 호기심의 대상을 넘어 '배울 점이 많은' 것들로 이해되는 부분이 많은 듯하다. K-뷰티도 그중 하나다. 지난 2021년 대한민국은 무역수지 흑자 7조 원을 돌파하며 세계 3대 화장품 수출 강국으로 부상했다. 물론 지금의 K-뷰티 열풍을 단순히 수출 물량과 같은 숫자만으로 설명하는 것은 무리겠으나, 그만큼 세계 속에서 K-뷰티의 입지가 크고 단단해졌다는 의미다.

    영어의 'Beautiful'에 해당하는 한국어 '아름답다'는 단순히 대상의 외형을 평가하는 잣대가 아닌 한 시대의 사회문화적 가치와 대상의 존귀함에 대한 찬사를 담은 말로 여겨진다. 그런 점에서 우리는 'K-뷰티'라는 말의 쓰임이 그저 엇비슷하게만 보이는 동북아시아인들의 외형을 뭉뚱그려 칭찬하는 것이 아닌, 대한민국이 일궈온 미의 역사와 문화에 대한 찬사임을 잘 알고 있다. 현대 사회에 접어들어 아름다움이라는 추상적 개념은 '산업'이라는 현실화된 시각적 범주에 더욱 중요한 영향을 미치게 되었지만, 오히려 이러한 시점에서 '아름다움'이라는 심미적 단어의 진정성에 대해 곰곰이 생각해 볼 필요가 있다. 오늘날 'K-뷰티'로 불리며 세계인의 주목을 받는 대한민국 미의 역사 역시 거슬러 올라가면 태초의 신화들로부터 현대에 이르는 수많은 역사적 현장의 중심에 서 있었다.

만약 누군가 'K-뷰티'를 근래에 인기를 끌고 있는 K-드라마, K-팝의 성공에 편승한 K-콘텐츠의 아류쯤으로 생각하고 있다면 더더욱 이번 기회를 빌려 대한민국의 역사와 전통을 관통하는 '아름다움'에 대한 가치관과 마주할 수 있기를 기대한다.

## 아름다운 육체에 아름다운 정신이 깃든다

대한민국 역사에서 아름다움은 때로 강인하고 굳건한 내면의 발현으로 정의된다. 아름다움의 범주를 눈에 보이는 것으로 한정하지 않고, 육체를 가꾸는 것을 내면 수련의 한 과정으로 이해하는 전통적 가치관은 오늘날 대한민국 사회를 이끄는 다양한 원동력 중 하나이기도 하다.

K-뷰티의 역사적 기원은 고대 선사시대로 거슬러 올라간다. 문자를 사용하기 이전인 선사시대 사람들의 생활상은 주로 그들의 생활 유적지인 패총에서 발굴된 유적을 통해 확인할 수 있는데, 돌이나 조개껍데기, 짐승의 뼈로 만든 장신구나 화장 용구 등이 대거 출토된 것으로 미루어 이미 그 오랜 원시생활 속에서도 '화장' 문화가 성행하고 있었음을 알 수 있다.

한반도 최초의 고대 국가로 전해지는 고조선 BC 5세기~108년 의 건국 신화에서도 당시 사람들의 화장술과 미용 처방에 관한 내용을 엿볼 수 있다. 신화에 따르면, 하늘에서 내려온 환웅과 혼인하기 위해 곰과 호랑이가 각자 마늘과 쑥을 먹으며 동굴에서 생활하였고, 100일 후 인간의 여인으로 변모한 곰이 환웅과 혼인하여 아들을 낳았는데, 그가 바로 고조선을 세운 단군이다. 기록에 의하면 단군은 박달나무 아래에 나라를 세웠는데, 이는 향나무의 한 종류인 박달나무를 신성하게 여기는 한민족의 전통과 깊은 연관이 있다. 단군신화를 통해 우리는 기원전 이전의 고조선 사회 사람들이 이미 향유와 향료를 즐겼고, 마늘과 쑥 등 피부를 희게 하는 미용 재료를 사용해 피부를 가꿨음을 미루어 짐작할 수 있다.

이후로도 한민족이 피부 미용을 위해 다양한 방법을 사용하였음은 수많은 기록을 통해 확인할 수 있다. 특히 삼국 시대 4~7세기 에 접어들어서는 고도로 발달한 화장 문화를 보여 주는데, 고구려·백제·신라 세 나라는 각기 조금씩 다른 문화적 특징 속에서 화려한 화장 문화를 꽃피웠다. 그중 신라의 건국 신화에는 "알에서 태어난 아름다운 남자 박혁거세를 북천에 데려가 목욕을 시켰다"라는 대목이 있어 목욕과 청결을 중시한 사회문화적 분위기를 알 수 있으며 지혜와 미모, 용기를 두루 갖춘 사람만을 지도자로 삼는 풍습은 이후 젊고 용맹한 군사 집단의 우두머리를 뽑는 '원화' 제도와 '화랑' 제도로 이어져 신라의 통치 이념으로 확립되었다.

아름다운 육체에 아름다운 정신이 깃든다는 신라의 영육일치靈肉一致 사상은 오늘날 글로벌 뷰티 트렌드와도 일맥상통하는 부분이 있어 흥미롭다. 삼국 시대 이후 고려와 조선을 거치며 아름다움에 대한 가치관은 유교적 통치 이념에 따라 겉으로 보이는 화려함보다 내면의 강건함을 강조하는 것으로 바뀌었지만, 청결과 단정함을 강조함으로써 내면의 수양을 도모하는 문화만큼은 오늘날까지도 변함이 없다.

## 전쟁의 소용돌이 속에 피어난 혁신의 아이콘들

한국의 화장품 시장은 다른 산업에 비해 매우 일찍 문호를 개방하고, 그만큼 오랜 기간 해외의 화장품들과 기술 경쟁을 벌여 왔다. 일제강점기에는 권력을 등에 업은 일본의 화장품 브랜드들이, 한국전쟁 전후로는 미군 부대를 통해 유입된 서구의 화장품이 자생적 국내 브랜드의 생존을 위협하였다. 1983년 정부가 발표한 수입 자유화 정책으로 물밀듯이 들어오는 수입품의 철퇴를 가장 선봉에서 맞은 것 역시 화장품 산업이었다.

대한민국에 서구식 화장법이 정식으로 소개된 것은 1870년 국내 최초의 화장품 박람회 격인 경성박람회를 통해서이다. 1894년 갑오개혁을 계기로 화장품 산업은 가내 수공업 형태에 점차 벗어나 '산업'으로서의 모양새를 갖추게 되었다. 정부에서도 위생 국을 설립해 화장품의 수입과 통관 절차를 관리하고 국산 화장품의 허가 및 등록 제도 를 마련하기 시작하였으며, 그렇게 탄생한 것이 대한민국 최초의 화장품 브랜드 '박가 분 朴家粉'이다.

'박가분 朴家粉'은 1915년 당시 포목점을 운영하던 박승직의 아내 정정숙이 저잣거 리에서 백분을 만들어 파는 노파를 보고 남편에게 포목점의 판촉용 상품으로 백분을 만들어 볼 것을 제안한 것에서 시작되었다. 박승직은 두산그룹 창립자인 박두병의 선 친으로, 그가 창립한 화장품 브랜드 '박가분'이 오늘날 대한민국 최장수 대기업 두산 그룹의 모태가 된 셈이다. 두산유리의 상표인 '파카 크리스탈 Parka Crystal'이 박가분 의 '박가'를 영문으로 표기한 것에서 유래하였다니 그 영향력이 단지 대한민국 화장품 산업에만 머무는 것은 아니었다 하겠다.

대한민국 최초의 화장품 브랜드라고는 하나 백분은 이미 조선 시대부터 널리 통용 되던 화장품으로, 박가분의 제조 방식 역시 전통의 것에서 크게 벗어나지 않았다. 그 럼에도 하루 1만 갑 이상이 팔려 나갈 만큼 크게 인기를 끈 것은 휴대성을 높인 작은 상자 포장과 자신의 성씨를 로고로 사용한 상표 디자인 덕분이었다. 안타깝게도 박가 분은 납 성분의 폐해로 큰 소송전에 휘말리면서 1937년 생산이 중단되었지만, 박가분 의 인기로 '서가분 徐家粉', '장가분 張家粉' 등의 유사품이 연이어 등장했고, 이는 일제 강점기 대한민국 화장품 산업이 촉발하는 계기를 마련했다.

1930년대에는 아모레퍼시픽 창립자인 서성환 회장의 부친 서대근이 설립한 창성당 을 비롯해 태양리화학, 피카몬드 향수, 에레나 화장품, 동보화학 등의 화장품 회사가 잇따라 등장하여 활황을 띠었다. 이를 못마땅히 여긴 일제의 통제와 억압으로 조선의 화장품 회사들은 자생적 성장이 가로막혀 고전을 면치 못했지만 1942년 조선의 화장 품 산업을 통제하고 고율의 세금을 매기기 위해 일제에 의해 결성되었던 조선화장품 제조업조합은 해방 후 그 성격을 완전히 바꾸어 조선화장품협회, 조선화장품공업협회, 대한화장품공업협회, 대한화장품협회로 탈바꿈하며 화장품 제조업자들의 구심점 역할을 해 오고 있다.

해방 이후 대한민국 화장품 산업은 다시금 호황을 맞이한다. 한국전쟁의 발발로 어려움을 겪던 시기에도 화장품 산업의 명맥은 꾸준히 유지되었다. 서성환이 서울의 회현동에 터를 잡았던 태평양화학<sup>현 아모레퍼시픽</sup> 역시 동백오일을 원료로 한 머릿기름인 ABC 포마드로 크나큰 인기를 얻었다. 한국전쟁의 발발로 격전지였던 서울을 피해 부산에 다시 터를 잡은 태평양화학은 그곳에 공장을 세우고 ABC 바니싱 크림, ABC 수백분, ABC 유액 등을 라인업하며 화장품 브랜드로서의 입지를 다졌다. 그가 서울로 돌아와 대한민국 최초의 화장품 회사 연구실을 설립한 것은 한국전쟁 직후인 1954년의 일이었다. 동경에서 유학하고 화장품 회사에서 일한 경험이 있는 경력직 연구원과 서울 약대생을 연구원으로 채용한 그는 1959년 프랑스 코티사와 기술 제휴를 통해 코티 백분의 국내 생산에 성공하였다. 1962년에는 국내 최초의 남성 전용 화장품인 ABC 남성 전용 크림도 선보였다. 화장을 여성들의 전유물로 생각하던 전통적 관념에 반기를 든 행보였다.

화장품 산업의 성장은 여성의 경제 활동에도 크게 기여하였다. 1960년대 태평양화학의 새 브랜드 '아모레'는 '방문 판매'라는 혁신적인 유통 방법으로 큰 성공을 거두었다. 이는 당시 횡행하던 모조 화장품을 근절하려는 목적으로 시작된 것이었으나 부정적이던 여성의 사회 참여에 대한 인식을 개선하는 큰 계기가 되었다. 당시 여성 방문 판매원은 신뢰할 수 있는 제품을 판매하는 화장품 전문가이자 경제 활동에 참여하는 당당한 사회 일원이었다. 오늘날에도 뷰티 아티스트나 인플루언서 그 외 다양한 직업군이 화장품·미용 산업과 관련된 점을 상기할 때 일자리 창출 면에서도 뷰티 산업은 상당히 중요한 위치를 점하고 있다고 할 수 있다.

## 전통의 가치로 빚은 K-뷰티의 미래

오늘날 한국 화장품의 인기는 우리나라를 방문하는 관광객들의 주요 쇼핑 품목을 통해서도 확인된다. 화장품은 해외 관광객들이 구매하는 쇼핑 목록 1순위로, 코로나 발발 이전까지만 해도 오로지 화장품 쇼핑만을 위해 한국을 방문하는 외국인의 숫자가 적지 않았으니, 이들이 일궈 놓은 명동 거리의 로드숍 풍경은 가히 대한민국의 관광 풍속도를 대변하는 것이었다.

한국의 화장품이 이처럼 뛰어난 가치를 지닌 상품으로 인정받게 된 요인으로는 뛰어난 기술력, 트렌드를 앞서가는 독창적인 아이디어, 소비자의 빠르고 정확한 피드백, 자연 성분에 대한 깊은 이해와 오랜 연구 등을 꼽을 수 있다. 식민 시대와 전쟁, 민주화로 이어진 고난의 근현대사 속에서 한국의 화장품 기업들은 자생적 노력으로 일찌감치 해외 기업과의 기술 제휴와 지속적인 연구 개발을 진행해 왔다. 이러한 기술적 기반과 혁신성은 '대한민국'이라는 국가 브랜드가 세계 시장에서 지금과 같은 공고한 입지를 가지지 못했던 2000년대 초반, 호기심에 한국산 화장품을 사용해 본 해외 소비자들로부터 폭발적인 호응을 끌어내기에 부족함이 없었다. 품질 대비 저렴한 가격도 외면하기 어려운 매력 요소였다.

비비크림, 마스크팩, 쿠션 팩트 같은 아이디어 상품의 출시를 두려워하지 않는 도전 정신과 이를 열린 마음으로 받아들이는 국내 소비자들의 유쾌한 자세는 신생 화장품 기업의 성장과 글로벌 무대 진출에 용기를 북돋워 주었다. 오늘날 수많은 글로벌 기업이 앞다투어 한국을 신제품 출시를 위한 시험대로 삼고 있는 이유도 여기에 있을 것이다.

한방 의학과 예부터 전해 내려온 미용 비법을 바탕으로 인삼, 홍삼, 동백꽃을 비롯해 알로에, 달팽이 점액질, 제주 용암 등 다양한 천연 성분의 효능을 과학적으로 규명하고 제품에 적용해 온 사례는 오늘날 글로벌 이슈로 떠오르고 있는 클린 뷰티와 지속 가능한 경제의 핵심 솔루션이기도 하다.

K-뷰티는 이제 엔터테인먼트 산업과 더불어 글로벌 트렌드를 선도하는 중요한 문화 콘텐츠로 자리매김하고 있다. 혹자는 이를 일시적인 문화 현상으로만 이해할 수 있으나 이는 대한민국의 오랜 역사와 전통이 빚어낸 문화적 특성을 이해하지 못하기 때문이 아닐까 싶다. '아름다움'이 단순히 겉으로 드러나는 외형적 특징을 지목하는 단어만은 아니라는 점에서 K-뷰티는 더더욱 대한민국의 유구한 역사와 전통을 통해 전해 내려온 가치관, 미래에 대한 방향성을 담고 있다고 보아야 한다. 우리는 이미 오래전부터 경제적 가치로는 환산할 수 없는 그 소중한 자산을 싹 틔우고 뿌리내려 왔다. 이는 편협한 이기심에 기댄 자국민 우월주의와는 차원이 다른 미래 가치를 담은 세계관이다.

눈에 보이는 아름다움은 대한민국이 가진 아름다운 자산의 아주 일부에 불과하다는 것을 우리는 잘 알고 있다. 문화 강국 대한민국이 K-뷰티를 이끌어 가는 힘은 바로 여기에서 나온다.

# 세계로 도약하는 K-뷰티,
# 무엇을 준비해야 할까

외모도 경쟁력으로 평가받는 시대, 화장품은 여전히 사치품에 불과한 것일까? 2024년 상반기 대한민국의 화장품 수출 규모가 역대 최고치를 경신한 데 이어 하반기에는 더욱 가속도가 붙고 있다. 산업통상자원부가 발표한 수출입 동향 자료에 따르면, 2024년 8월 화장품 수출액은 8.5억 달러로, 전년 동기 대비 21% 증가했다. 누적 화장품 수출액은 64.8억 달러로 전년 대비 19% 성장한 수치다. 화장품 수출 성장률이 20%대를 기록함에 따라, 2024년 화장품 총수출액이 100억 달러를 상회할 것이라는 분석도 나오고 있다.

수출 동향도 크게 달라졌다. 과거 중국을 중심으로 동남아시아권에 머물던 수출 대상국이 미국을 중심으로 재편되고 있는 상황이다. 중소벤처기업부의 2024년 상반기 '화장품 중소기업의 국가별 수출액'을 살펴보면, 미국이 6.4억 달러 +61.5%, 중국이 5.6억 달러 -3.7%를 기록해 비중국권의 매출 신장이 두드러진 모양새다.

세계적인 경기 불황 속에서도 화장품 산업이 이처럼 가파른 성장세를 이어가고 있는 것은 한류의 영향권이 전 세계로 확대되었음을 상징적으로 보여 주는 결과로 해석할 수 있다. '화장품은 곧 사치품'이라는 과거의 인식에 커다란 변화가 일고 있음을 의

미하는 것이기도 하다. 실제로 불과 1990년대까지만 해도 국내 화장품 제조업은 국가 산업으로서뿐만 아니라 소비자들에게도 기호품 이상의 매력을 어필하지 못했다. 2012년 화장품 수출이 수입을 앞지르기 전까지 화장품 산업은 무역 역조가 매우 심한 산업 중 하나로 손꼽혔을 정도다.

## 믿고 쓰는 화장품 '메이드 인 코리아'

한국의 화장품이 해외에서 주목받기 시작한 것은 1990년대 후반 K-팝과 한류 드라마가 중국과 동남아 등지로 퍼져 나가기 시작하면서부터다. 한류 열풍에 힘입어 한국 연예인들의 해외 진출이 눈에 띄게 증가하고, 그들의 외모와 라이프 스타일에 대한 관심이 증대하면서 관심은 자연스럽게 스타들의 외모를 가꿔 주는 화장품과 K-뷰티로까지 확대됐다. 이러한 시대적 변화에 발맞춰 정부는 2008년 화장품 산업을 국가 미래 유망 산업으로 지정한 데 이어 2013년에는 2020년을 목표로 '화장품 산업 G7 국가 도약 비전'을 제시하면서 글로벌 제품과 창조 기술 개발, 산업 육성 인프라 확충, 해외 시장 진출 활성화, 규제·제도의 선진화를 추진 과제로 내세웠다.

K-뷰티 열풍 초기 한류 열풍과 한류 스타들의 인기에 힘입어 호기심으로 사용하기 시작했던 '메이드 인 코리아 화장품'은 이제 그 품질 하나만으로 믿고 사용할 수 있다는 인식이 확산되고 있다. 여기엔 트렌드에 민감하고 새로운 것을 시도하는 데 주저하지 않는 한국 소비자들의 특성이 한몫했다. 에어쿠션 파운데이션이나 비비크림 등 기존 화장품 시장에서 볼 수 없던 획기적인 아이디어부터 바나나 모양의 용기 같은 독특한 패키지 디자인의 개발, 해외 시장에서는 찾아보기 힘든 기능성 화장품이나 한방 화장품 같은 차별화된 제품군 개발 등으로 내실을 다져온 것도 경쟁력 확보에 힘을 실어 주고 있다. 세계 최고 수준의 줄기세포 연구 성과를 화장품 성분 개발에 도입하거나 디지털 기기와의 결합을 통한 다양한 뷰티 디바이스 개발, 디지털 콘텐츠를 활용한 뷰티 산업의 확대는 화장품 산업의 성장 가능성을 더욱 확신하게 한다.

최근 대한민국 화장품 수출을 견인하는 것은 중소 인디 브랜드들이다. 매년 글로벌 뷰티 페스티벌 '서울 뷰티 위크' 등을 통해 국내 인디 브랜드의 컨설팅 지원 프로그램을 운영해 온 한국콜마는 최근 글로벌 뷰티 시장의 동향에 대해 "전 세계적인 K뷰티의 인기로 화장품이 중소기업 수출 품목 1위를 차지하는 등 인디 브랜드가 크게 성장하고 있다"라고 설명하고, 앞으로도 "나만의 브랜드를 만들고 싶어 하는 예비 창업자들을 지원하겠다"라는 뜻을 밝혔다.

## 규제와 지원의 줄다리기, 어디로 가야 할까

필요한 것은 이러한 한국 화장품 산업의 강점을 안정적으로 활용하고 발전시킬 수 있는 제도적 기반이다. 지금까지 정부의 특별한 지원 정책 없이 자생적으로 성장해 오던 화장품 산업에 근래 국가적 관심과 지원책이 마련되고 있는 것은 매우 환영할 만한 일이다. 그러나 이것이 기업의 성장을 저해하는 지나친 관리 규정과 무리한 규제로 발현돼서는 곤란하다. '화장품 표시광고 실증제'가 대표적 사례다. 광고 실증제는 화장품의 안전성과 안정성을 유지하고 소비자에게 의약품으로 오인될 소지를 방지하기 위해 2011년 '화장품 표시광고에 관한 규정'의 일환으로 만들어진 것으로 화장품을 제조·판매하는 자가 화장품의 효능·효과를 광고할 때 그에 대한 실제적 증명을 할 수 있는 자료를 제출·보관하도록 하고 있다. 이는 광고 표현의 기준이 애매한 데 따른 혼란을 야기하고, 소비자에게 제품의 실제적 효능·효과를 전달하지 못하는 한계를 함께 가져왔다.

기능성 화장품에 관한 규정도 문제다. 우리나라는 식품의약품안전처에서 고시한 기능성 원료를 기준치에 맞게 첨가, 제조했는지에 따라 미백과 주름 개선, 자외선 차단 등으로 구분하는 기능성 화장품 인증제를 시행하고 있다. 그러나 이는 기업에 불필요한 임상실험 비용을 발생시켜 부담을 가중하는 결과를 낳는다. 유럽의 경우 기능성 화장품을 일반 화장품으로 분류하되 제품의 안정성과 안전성을 위해 그 자료를 제조사에서 보관하도록 규정하고 있다. 원료 업체가 임상 데이터를 식품의약품안전처에 보고하고, 제조사는 그 원료로 기능성 제품을 만들되 그 증빙 자료를 보관하는 방식이다.

언론의 책임 있는 보도 태도도 중요하다. 최근 인터넷 매체의 발달로 화장품에 관한 확인되지 않은 뜬소문이나 잘못된 정보가 무분별하게 나돌며 소비자 오인을 일으키는 경우가 적지 않기 때문이다. 더 나아가 글로벌 소비자에게까지 영향을 미쳐 국가 이미지에도 적잖은 영향을 미칠 수 있다. 이 책에서는 이러한 부분을 바로잡고자 노력하였으나 여전히 미진한 부분이 많다.

## 한국 화장품만의 특장점을 살려 '이미지화'할 장기 플랜 세워야

이제 우리는 세계적인 품질 경쟁력에 걸맞은 세계화 전략을 수립해야 한다. 이전까지 화장품 수출을 견인하던 아시아권에서의 인기를 미국이나 유럽, 남미와 중동으로까지 이어가기 위해서는 규제가 아닌 과감한 투자, 세계 시장을 상대로 지역 혹은 국가별 공략이 가능한 상품 개발이 필요한 시점이다. 수입 브랜드의 성공적인 해외 진출과 제품 현지화 사례를 적극 검토하는 것은 물론 현지 여성들의 피부 특성과 취향 등을 고려한 제품력 개발, 현지 시장 상황에 맞는 마케팅 전략 등을 수립하지 않으면 지금의 인기를 이어가기 어려운 시점을 맞이하게 될지도 모른다.

여기에는 우리 화장품만의 특장점을 살려 '이미지화'할 수 있는 장기적인 플랜도 포함돼야 할 것이다. 내수 시장 규모 세계 6위인 프랑스가 화장품 분야 세계 1위 기업인 로레알을 탄생시킨 것은 많은 시사점을 던져 준다. 로레알은 파리와 에펠탑 등으로 대변되는 프랑스의 국가 이미지를 화장품 수출에 적극 활용해 유리한 고지를 선점했고, 이후 끊임없는 품질 혁신과 현지화 전략으로 세계 1위의 글로벌 코스메틱 기업으로 성장했다. 우리 정부 역시 과감한 규제 개선과 안전 관리 중심의 정책을 통해 한국 화장품 기업의 체질을 건강하게 만들어 나간다면 머지않은 미래에 한국의 화장품 기업들이 굴지의 글로벌 코스메틱 브랜드로 성장하는 초석을 마련할 수 있을 것이다.

# 안티에이징에도 트렌드가 있다!
# 리버스 노화

리버스 노화는 세포와 조직의 노화로 인한 질병과 주름, 기능 저하를 예방하고 노화 과정을 역전시켜 젊은 상태로 되돌리는 것을 의미한다. 리버스 노화 연구는 노화의 근본 원인을 규명하는 데 도움이 되는 유전자 변이, 면역 체계 등 다양한 노화 기전에 대해 밝히는 것에 집중되어 있으며, 이를 위해 천연물, 합성 화합물 등 다양한 항노화 물질이 개발되고 있다.

최근에는 유전자 편집 기술의 활용, 줄기세포 연구의 확대, 대사 조절 물질이 노화에 미치는 영향 등 노화를 늦추기 위한 생물학, 의학, 유전학, 화학 등 다양한 분야의 전문가들이 협력하여 진행하는 다학제적 연구가 증가하는 추세다.

# 미생물로 피부 복원을?
# 마이크로바이옴

마이크로바이옴Microbiome 화장품은 인간과 미생물 간의 상호작용을 바탕으로, 인간의 피부에 서식하는 미생물 집단인 마이크로바이옴을 활용하여 개인의 피부 건강을 개선하는 데 목적을 둔다. 인간의 피부는 수많은 미생물로 구성된 복잡한 생태계라 할 수 있다. 이 미생물들은 피부의 건강과 질병 상태에 큰 영향을 미친다. 건강한 피부 마이크로바이옴은 피부를 보호하고 감염으로부터 방어하며 피부의 면역 반응을 조절하는 역할을 한다. 역으로 이야기하면, 마이크로바이옴의 균형이 깨질 경우 피부 문제가 발생할 수 있다.

마이크로바이옴 화장품은 피부 생태계의 균형을 유지하거나 복원하는 것을 돕는 역할을 한다. 화장품을 통해 유익한 미생물을 공급하여 피부 마이크로바이옴 균형을 개선하도록 돕고, 피부에 존재하는 유익한 미생물의 성장을 촉진하는 영양분을 제공함으로써 유익한 미생물의 대사산물을 활용하여 피부 건강을 개선한다. 이러한 접근 방식은 피부의 자연 방어력을 강화하고 염증을 줄이며 피부 장벽을 복원하는 등 피부 건강 증진 효과를 제공할 것으로 기대를 모으고 있다.

마이크로바이옴 화장품의 개발은 아직 초기 단계에 머물러 있다. 연구와 기술의 발전을 통해 더욱 효과적이고 안전한 제품을 개발한다면 미래에는 개인의 피부 마이크로바이옴을 정밀하게 분석하여 개인별 맞춤형 피부 관리 솔루션을 정교하게 제공할 수도 있을 것이다. 이는 피부 건강뿐만 아니라 전반적인 헬스케어에도 긍정적인 영향을 미칠 것으로 전망된다.

# DNA 분석 기술을 활용한
# 나만의 화장품

　유전자 분석을 활용한 맞춤형 화장품은 개인의 유전적 특성을 분석하여 맞춤형 스킨케어 솔루션을 제공하는 최신 기술이 접목된 화장품이다. 이러한 유형의 화장품은 개인의 DNA를 분석하여 피부 타입, 노화 경향, 피부 문제 등을 파악하고 이에 적합한 성분과 제품으로 개개인에게 최적화된 제품을 선택할 수 있도록 하는 단계로까지 발전하였으며, 유전자 진단 결과에 따라 개인 맞춤형 기능성 화장품을 개발할 수도 있다. 각 개인의 유전자 구성에 따라 필요한 성분을 필요한 함량만큼 조합해 소량 생산이 가능하며 주름 개선을 위한 레티놀 성분, 미백 개선을 위한 비타민C 성분, 탄력 개선을 위한 토마토 추출물, 보습 개선을 위해 히알루론산 등을 사용할 수도 있다. 맞춤형 화장품의 발전으로, 향후에는 개인의 상태와 선호도에 맞게 제작된 제품이 소비자들의 피부에 최적화된 관리법을 제공할 수 있을 것으로 예상된다.

# 뷰티 테크로 무장한 파우더룸

　미래의 파우더룸은 어떤 모습으로 진화해 나갈까. 2015년 제작된 영화 〈인턴〉에서 은퇴한 노인 벤 로버트 드 니로 분의 인생 제2막을 열어 준 것은 30대의 젊은 CEO 줄스 앤 해서웨이 분 였다. 벤이 경력직 인턴으로 취업한 줄스의 회사에는 놀랍게도 에스테티션이 상주하고 있었다. 직원 220명 규모의 중소기업에서 직원 복지를 위해 에스테티션을 채용한 것은 당시로서도 미국 사회 내에서도 상당한 파격이었음이 분명했다.

　그런데 최근 들어 문득 이런 의문이 들었다. 2024년의 줄스라면 어땠을까?

　은퇴한 70세의 경력자를 인턴으로 채용하고, 사무실에서 자전거를 타고 다니고, 야근하는 말단 직원의 컨디션까지 직접 챙기는, 게다가 트렌드에 가장 민감할 수밖에 없는 패션계 스타트업 CEO라면 당연히 사무실 한편에 최신 뷰티 테크로 무장한 파우더룸 정도는 마련해 두지 않았을까? 혹은 재택근무와 원격근무, 거점 오피스 등이 일상화된 '오피스 빅뱅'의 시대에 발 빠르게 적응하여 직원 각자의 집 또는 직무 공간에 마사지 건이나 안마의자, LED 마스크 등의 다양한 헬스 & 뷰티 디바이스를 비치하도록 배려했을지도 모를 노릇이다.

　코로나19 팬데믹이 장기화되자 각계 전문가들은 "코로나19가 종식되어도 이전으로 돌아가기는 힘들 것"이라는 한결같은 전망을 내놓았다. '이전으로'라는 말에는 단순히 수치적 지표로는 설명할 수 없는 다양한 가치와 지향, 삶의 양식 등이 내포된다. 코로나19라는 돌발변수가 발발하기 전까지만 해도 전문가들은 소비자 개개인의 직접적인 경험이 중요한 분야의 특수성으로 인해 뷰티 산업은 다른 산업군에 비해 온라인 유통이 활발해지기는 어려울 것이라는 전망을 조심스레 내놓았었다. 그러나 매장을 방문해 직접 샘플 테스트를 해 본 후에야 구매를 결정하던 소비자들의 신중한 구매 행동은 코로나19 팬데믹 이후 자신과 비슷한 피부 고민과 니즈를 가진 다른 사람들의 온라인 사용 후기를 확인하는 방식으로 빠르게 전환되었다. 그간에 축적된 개개인의 데이터들이 다른 사람의 경험치를 대체하기에도 충분할 만큼의 빅데이터로 활성화되었다는 방증이다.

인간은 더 이상 정보의 바다 인터넷에서 자신과 비슷한 피부 타입과 피부 고민, 취향과 기호를 가진 소비자를 발견하고 그의 우수한 경험 사례를 골라내는 것에 시간과 노력을 허비할 필요가 없다. 망망대해에서 사금석을 채취하듯 필요한 정보만을 속속 골라 눈앞에 대령하는 인공지능의 시대가 눈앞으로 다가왔기 때문이다.

## 인간의 전문성을 대체하는 AI 테크

달라진 것은 유통 구조만이 아니다. 비대면 소비문화의 확산은 그간 상용성을 확신하기 어려웠던 미래 테크놀로지에 날개를 달아 주었다. 그 대표적인 사례가 뷰티 디바이스 시장이다. LG경제연구원이 발표한 자료에 따르면, 2013년 800억 원 규모였던 국내 뷰티 디바이스 시장은 2018년 5,000억 원, 코로나19 발발 3년 차인 2022년에는 2013년의 약 20배에 달하는 1조 6,000억 원 규모로 성장에 가속도를 붙였다. 종류와 범위의 다양성, 기술력 측면에서도 최근의 뷰티 디바이스 시장은 전쟁터를 방불케 할 만큼 치열하게 진화 중이다.

과거 병원 혹은 에스테틱에서 시술용으로만 사용 가능했던 피부미용 기기를 홈케어용으로 간소화한 뷰티 디바이스는 밀접 접촉을 기반으로 하는 피부과 시술과 에스테틱 서비스에 대한 부담을 덜 수 있는 가장 확실하고 효율적인 대안으로 떠오르고 있다. 호기심에 구매해 놓고도 '귀찮고 번거롭다'는 이유로 화장대 구석 애물단지로 전락하기 일쑤였던 아이템들이 물때를 만난 것이다.

흥미롭게도 뷰티 디바이스는 불과 몇 해 전까지만 해도 그다지 주목받는 품목이 아니었다. 국내에 처음으로 뷰티 디바이스가 소개된 것이 지난 2001년 뉴스킨이 갈바닉 마사지기를 론칭하면서였으니 그 역사가 그리 짧다고만은 볼 수 없으나 이후로도 대부분의 뷰티 디바이스 제품들은 일부 마니아층 외에는 크게 인기를 끌지 못하는 수준이었다. 시간과 장소의 제약을 받지 않는다는 편의성과 화장품만으로는 해결할 수 없던 피부 고민을 더욱 적극적으로 케어할 수 있다는 효율성을 지녔음에도 일반 화장품에 비해 가격대가 고가인 점, '서비스받는 즐거움'과 피부과 시술 같은 '드라마틱한 효과'를 기대하는 소비자 니즈를 수용하기에는 불만족스러운 부분이 적지 않았던 탓이다.

그런데 코로나19 발발 이후 사정이 180˚ 달라졌다. 피부과나 에스테틱의 방문은 조심스러워진 반면 마스크의 장기 착용 등으로 피부 트러블을 호소하는 인구가 늘어나 이를 해소할 수 있는 홈케어에 대한 니즈가 크게 증가한 덕이다. 기능적 측면에서도 다양성에 대한 요구가 높아지고 있다. 2019년 임지선의 〈안면용 뷰티 디바이스 사용 실태 및 만족도에 관한 연구〉에서만 보더라도 코로나19 발발 이전 뷰티 디바이스에 요구되는 기능은 탄력과 리프팅이 압도적이었고, 최근 칸타 월드패널 디비전 뷰티 사업부가 발표한 뷰티 디바이스 트래킹 조사 결과에서도 응답자의 40% 정도가 리프팅을 위해 뷰티 디바이스를 사용하는 것으로 드러났다. 그러나 우리는 2023년 3월 한국미용학회지에 게재된 김의형과 윤미영의 연구 〈피부 상태에 따른 홈 뷰티 디바이스 선택 속성 및 구매 의도의 차이〉에서는 환경 문제와 코로나19로 예민해진 피부를 케어하기 위해 뷰티 디바이스를 구매하려는 20대의 니즈가 월등히 높아진 것을 확인할 수 있었다.

## 초개인화 사회를 향해 진화하는 뷰티 디바이스

홈케어용 뷰티 디바이스에 사용되는 에너지원으로는 전류, 진동, 초음파, 전자기파, LED 등이 있는데, 이에 따라 그 종류와 기능도 구분된다.

먼저 미세 전류와 초음파를 활용한 제품들은 통증이 없고, 함께 사용하는 제품의 원료를 비침습적으로 피부 깊은 곳까지 침투시킬 수 있는 장점이 있다. 미세 전류를 활용하는 제품은 대체로 0.5~1mA의 미세 전류를 피부에 흘려 극성을 발생시키고, 이를 이용해 유효 성분을 피부에 밀어 넣거나 노폐물과 피지 등을 끌어내는 방식이다. 초음파 방식은 20kHz 이상의 낮은 주파수 초음파를 피부에 조사해 세포막을 느슨하게 만들고, 그 사이로 유효 성분을 침투시키거나 1~10MHz의 높은 주파수 초음파를 영역대별로 조사함으로써 진피, 피하, 근막층 등의 피부층을 타겟팅해 활성화시키는 것이다. 타겟팅한 피부층에 따라 근육 이완과 통증 완화, 지방 분해, 탄력 개선, 리프팅 등의 효과를 기대할 수 있다.

LED는 자외선과 가시광선, 근적외선의 영역대별 빛 파장을 활용하는 것이다. 자외선은 피부 진정과 여드름 케어, 가시광선은 콜라겐 생성 촉진과 탄력, 적외선은 근육이완과 혈액 순환 등에 효과가 있는 것으로 알려져 있다.

그 외 20~20,000Hz의 진동을 활용한 제품은 주로 클렌징과 마사지에 활용된다.

최근의 뷰티 디바이스는 단순한 기능적 측면에서뿐만 아니라 피부 상태를 진단하고 그날그날 필요한 솔루션을 제안하는 방식으로 보다 똑똑하게 진화하고 있다. 빅데이터와 AI, IoT, 증강현실, 바이오 등 첨단 기술이 적용된 뷰티 디바이스는 보다 정확하게 피부 상태를 진단하고, 이에 맞는 스킨케어와 메이크업 방법을 제안하는가 하면 개인의 유전자까지 분석해 피부에 일어날 수 있는 미래의 유전적 변화를 미리 체크하고 예방할 수 있도록 돕는다. 지금으로서는 대체 불능의 영역으로 보이는 뷰티 서비스 특유의 심리적 커뮤니케이션이나 라포 형성과 같은 다양한 감성적 접근까지 가능한 날이 머지않아 도래할지도 모르겠다.

한 가지 유념할 것은 뷰티 디바이스의 혁신성이 의료의 영역으로 오인되거나 남용되어서는 안 된다는 점이다. 기술의 발전이 인류의 안전을 위협하거나 환경을 해치는 방향으로 나아가지 않도록 명확한 기준선을 정하는 것 역시 미래 뷰티 테크의 세계를 향유할 인류의 몫이다.

# 경계를 허문 AI 기술로
# 뷰티 산업을 혁신하라

 2024년 1월 9일 미국 라스베이거스에서 열린 세계 최대 IT·가전 전시회 'CES 2024'의 첫 기조연설자로 나선 니콜라 이에로니무스 로레알 그룹 CEO는 드론 엔지니어와 과학자들이 설립한 하드웨어 스타트업 '주비 Zuvi'와의 협업 관계를 소개하며, 로레알 그룹이 추구하는 아름다움의 미래에 대한 분명한 비전을 제시했다. 뷰티 기업 최초의 CES 기조연설로 기록되는 이 연설은 최근 뷰티 업계에 불고 있는 기술 혁신의 바람이 삶의 질을 향상시키는 단편적인 수준을 넘어 인류가 쌓아온 범주 체계 전반을 뒤흔들고 있음을 상징적으로 보여 준다. '피부·모발의 건강을 유지 또는 증진하기 위해 인체에 바르고 문지르거나 뿌리는 등 이와 유사한 방법으로 사용되는 물품'으로 규정되던 화장품의 법적 정의나 '화장품을 바르거나 문질러 얼굴을 곱게 꾸미는 것'이라는 표준국어대사전에 의거한 화장의 사전적 정의만으로는 뷰티 산업 범주를 설명하기 어려운 시대가 도래한 것이다.

 달라진 뷰티 시장 분위기는 가정용 뷰티 디바이스의 보급에서부터 찾을 수 있다. 코로나19 팬데믹을 기점으로 보편화된 뷰티 디바이스는 기존에 사용하던 화장품의 피부 흡수율을 높이는 것은 물론 전문가를 통해서만 가능하던 피부 진단과 관리를 대신해 주고 피부과 병원 또는 에스테틱을 방문하는 데 드는 비용까지 줄일 수 있어 크게 주목받고 있다. 소비자 조사기관인 유로모니터와 글로벌데이터는 지난해 약 5조 3,000억 원 규모였던 글로벌 뷰티 디바이스 시장이 2030년에는 46조 원까지 성장할 것으로 내다보았다.

첨단 기술의 도입은 화장품 제조·품질 관리의 영역에서도 활발하게 일어나고 있다. 화장품 연구 개발 및 제조 생산 전문 기업 코스메카코리아는 2024년 3월, '인공지능AI을 활용한 화장품 유사 처방 검색 시스템 및 그 방법' 특허를 등록했다고 발표했다. 다품종 소량 생산을 중심으로 한 인디 브랜드의 성장이 두드러지는 최근의 화장품 시장에서, 개발하고자 하는 화장품의 실제 처방과 유사도가 높은 기존 실험의 처방을 찾아 제품 제조 이력은 물론 클레임 이력까지 사전에 파악하는 빅데이터 기반 기술은 신제품 개발 기간을 단축하면서도 고객 개개인의 니즈에 최적화된 제품을 개발할 수 있는 새로운 대안이 될 것으로 기대된다.

4차 산업혁명 시대 산업의 변화는 제품 성분과 효능의 향상, 첨단 기기의 개발 같은 외형적인 결과물뿐만 아니라 제품 개발 프로세스와 디자인, 인간 노동력의 투입 방법, 소비자 UI와 UX, 서비스 유형, 소프트웨어, 정보의 활용 방법과 범위에 이르기까지 눈에 보이지 않는 수많은 과정과 범위가 새롭게 통합·재편되는 과정으로 이해되어야 한다. 현재의 인공지능은 단순한 정보 검색과 알고리즘 기반의 예측 수준에서 나아가 인간의 지적 활동인 인지와 추론, 학습 등을 거쳐 빅데이터 속 패턴을 인식하는 딥러닝의 단계로 진화하고 있기 때문이다.

2024년 3월, 청소기 전문 업체로 유명한 다이슨이 두피 온도를 스스로 측정해 드라이어의 열을 자동으로 조절하는 스마트 헤어드라이어 '슈퍼소닉 뉴럴 헤어드라이어'의 글로벌 론칭 행사를 세계 최초로, 서울에서 개최했다는 소식을 접했다. 전 세계의 뷰티 기자들이 취재를 위해 한국으로 달려왔음은 물론이다.

첨단 기술의 도입이 변화와 혁신의 기로에 선 대한민국 뷰티 산업의 열쇠가 될 것인가? 대답은 역시 희망적이다. 산업의 경계를 허문 글로벌 기업들과 전 세계 언론이 한국의 뷰티 시장을 주목하고 있다. 대한민국을 글로벌 뷰티 산업의 리더로 확신하는 세계의 눈을 스스로 부정하는 오류를 범할 것인가, 첨단 기술의 도입과 입체적인 적용 방안에 몰두할 것인가, 선택은 우리의 몫으로 남겨졌다.

# ESG 경영을 선도하는
# 뷰티 기업들

기업 경영의 비재무적 지표인 환경 Environmental, 사회 Social, 지배구조 Governance 를 뜻하는 ESG는 오늘날 기업의 지속적인 성장과 생존을 위한 핵심 가치로 이해된다. 21세기의 소비자들은 조금 비싼 값을 치르더라도 자신의 소비가 사회에 가치 있는 행위이기를 희망하며, 소비를 통해 사회 문제에 대응하거나 윤리의식을 실천하는 일에 주저하지 않는다. 착한 기업에 '돈쭐'을 내기 위해 지갑을 연다거나 사회적으로 물의를 일으킨 기업에 거센 불매 운동을 벌이는 것이 대표적이다. 2021년 대한상공회의소가 실시한 'ESG 경영과 기업 역할에 대한 인식' 조사에서도 응답자의 63%가 '기업의 ESG 활동이 제품 구매에 영향을 준다'고 답했으며, 70.3%는 'ESG 경영에 부정적인 기업의 제품을 의도적으로 구매하지 않은 경험이 있다'고 했다.

이처럼 소비를 통해 자신의 가치관과 신념을 표출하는 미닝아웃 Meaning Out 의 행태는 ESG 경영을 실천하는 기업에 실질적인 영업 이익을 가져다주는 것은 물론 기업의 잠재적 미래 가치를 결정하는 중요한 잣대가 되고 있다. 영업 이익을 최우선 가치로 여기던 물질주의적 사고에서 벗어나 기업이 사회에 미치는 선순환적 가치에 집중하고자 하는 노력이 인류 경제의 소비 핵심 축을 변화시키는 거대한 물결로 이어지고 있는 것이다.

화장품 기업에서도 ESG 경영은 기업 성장을 이끄는 핵심 동력이자 미래 가치를 결정하는 소중한 자산이다. 최근 글로벌 기업들을 중심으로 성분의 유해성은 물론 원료의 생산과 재배, 제품의 생산과 유통, 소비 과정에서 발생할 수 있는 환경 피해를 최소화하려는 다양한 노력이 시도되는 이유다.

# 지속 가능한 아름다움을 향한 여정,
# 클린 뷰티

　21세기 아름다움의 가치는 인간 외연의 아름다움을 뛰어넘는, 지구 환경의 미래에 가까이 다가가고 있다. 친환경과 비건, 동물 복지, 업사이클링 등 '클린 뷰티'를 설명할 때마다 언급되는 단어들 역시 이와 무관하지 않다. 21세기 뷰티 업계 최대 화두인 '클린 뷰티'는 그럼에도 불구하고, 한마디로 정의 내리기 참 까다롭고 복잡한 개념이다. 한정된 범위와 기준을 제시하기에는 지구 환경과 인간의 이해관계가 무어라 설명하기 어려울 정도로 미묘하게 얽혀 있기 때문이다. 이런 전제하에 뷰티 전문지 《얼루어 allure》는 클린 뷰티의 두 가지 자격 요건으로 인간에게 안전하고, 지구에 해를 끼치지 않는 것을 꼽기도 하였다.

　그런데 최근의 클린 뷰티는 단순히 어느 한쪽에 해를 끼치지 않은 무결함의 수준만으로는 가닿을 수 없는 더욱 고차원적인 가치를 향해 나아가고 있다. 비단 뷰티 업계로 한정하지 않더라도, 지금의 산업 생태계 전반은 공존과 상생의 가치에 주목하고 있다. '너'와 '나', '인간'과 '지구', '인류'와 '환경'이 각자의 영역에서 선을 지키며 살아가는 개인주의적 가치관만으로는 현세의 인류가 맞닥뜨린 범지구적 위기를 극복해 내기 어렵다는 자기반성적 문제의식은 '아름다움'의 준거를 인간 외연이 아닌 지구 환경의 것으로 재편시키기에 이르렀다.

불로장생의 명약을 찾기 위해 지구 끝까지 헤집던 탐욕의 인류는 오늘날 스스로에게 종말을 고하고 있다. 소비자들은 더 이상 자신의 소비 여정이 성분 하나하나만을 따져 고르는 똑똑한 소비에만 머무르기를 원하지 않는다. 자신의 신체 건강에 이로운가를 따지기 이전에 원료를 채집 또는 재배하고 생산하는 과정, 그리고 제품의 제조·유통, 소비와 폐기에 이르는 모든 과정이 보다 정의롭고 '깨끗'하기를 바라는 것, 그 안에 담긴 진정성이 인류와 지구 환경의 아름다운 공존에 기여하기를 바라 마지않기 때문이다. 바야흐로 지속 가능한 아름다움을 향한 인류의 끝없는 여정이 시작되었다.

## 클린 뷰티 인증 제도를 도입한 세포라와 올리브영

프랑스의 럭셔리 브랜드 기업 LVMH가 운영하는 글로벌 화장품 편집숍 '세포라'는 클린 뷰티 제품에 대한 브랜드 자체 기준을 마련하고, 기준에 부합하는 제품에 대해 클린 뷰티 인증 마크를 부착하는 '클린 앳 세포라' 캠페인을 진행하고 있다. 클린 앳 세포라 캠페인은 2018년 미국을 시작으로 전 세계 세포라 매장으로 확장되고 있으며,

온·오프라인 매장에 별도의 클린 앳 세포라 존을 설치하는 등 다양한 방식의 프로모션을 이어가고 있다.

국내 최대 H&B 스토어인 올리브영 역시 2020년 6월부터 클린 뷰티 캠페인을 진행하고 있다. 올리브영은 '지구에도, 동물에게도, 나 자신에게도 조금 더 다정한 생활의 시작'이라는 슬로건을 필두로, 클린 뷰티에 대한 자체 기준을 정하고 유해 의심 성분을 배제한 친환경 제품과 동물 보호·친환경 활동 브랜드, 재활용 포장재 사용 브랜드 등을 선정해 클린 뷰티 마크를 부여하고 있다. 명동·강남 플래그십, 여의도 IFC점 등의 주요 매장에는 클린 뷰티 존을 마련해 국내 클린 뷰티 브랜드 발굴·육성에도 앞장서고 있다. 그 외에도 접근성이 좋은 매장에 공병 수거함을 비치하고 화장품 공병 수거 캠페인 '뷰티 사이클'을 진행하는 등 다양한 클린 뷰티 캠페인을 지속적으로 전개해 나가고 있다.

## 화장품 기업의 '2030 화장품 플라스틱 이니셔티브' 선언

"Beautiful us, Beautiful earth"

지난 2021년 1월 대한화장품협회와 아모레퍼시픽, LG생활건강, 애경산업, 로레알 코리아 등 4개 기업은 화장품 플라스틱 포장재 감소를 위한 4대 중점 목표 활성화 방안인 '2030 화장품 플라스틱 이니셔티브' 참여를 선언했다. '2030 화장품 플라스틱 이니셔티브'는 2030년까지 지속 가능한 순환 경제 실현을 목표로, △ RECYCLE: 재활용 어려운 제품 100% 제거, △ REDUCE: 석유 기반 플라스틱 사용 30% 감소, △ REUSE: 리필 활성화, △ REVERSE COLLECT: 판매한 용기의 자체 회수 등 화장품 플라스틱 포장재 감소에 필요한 화장품 업계 공동 추진 로드맵과 실행 방안을 담고 있다.

1년에 6만여 톤이나 배출되는 것으로 알려진 화장품 용기는 금속과 유리, 플라스틱 등 다양한 소재가 결합되어 분리배출이 쉽지 않은 것이 사실이다. 설령 재질을 분리했다 하더라도 용기 속 잔여물이 말끔히 제거되지 못할 때 재활용이 어려운 것은 마찬가지다. 사용 기간이 길지 않고 한 번 사용하면 재활용조차 되지 않는 화장품 용기가 환경에 막대한 피해를 입히는 오염원인 것은 두말할 나위가 없다. 화장품 기업들 스스로 화려한 외관 대신 재활용 가능한 단일 소재로 용기를 대체하거나, 리필 가능한 제품을 출시하는 것 또한 이러한 환경 오염을 최소화하려는 노력일 것이다.

## 지속 가능한 뷰티를 위한 브랜드, 누메로 엉 드 샤넬

해외 사례부터 소개해 보자. 2022년 샤넬은 원료의 생산부터 패키지까지 환경과 지속 가능성을 고려한 클린 뷰티 콘셉트의 브랜드 '누메로 엉 드 샤넬 N°1 DE CHANEL'을 소개했다. 누메로 엉 드 샤넬은 스킨케어부터 메이크업, 프래그런스까지 다양한 제품군을 아우르지만 모두 환경에 미치는 영향을 줄인, 재생 가능한 자연 유래 성분을 함유한다는 공통점이 있다. 특히 제품의 주원료인 레드 까멜리아는 프랑스 남서부의 고자크 지역의 샤넬 오픈-스카이 연구소에서 친환경 재배 방식으로 재배된다. 샤넬은 이 레드 까멜리아의 고유한 자연 속성을 보전하고 지키기 위해 농업생태학과 산림생태학을 활용한 실험적인 재배 방식을 적용하고 있다고 밝혔다.

누메로 엉 드 샤넬의 포장재 80%는 재생 가능한 유리로 제작된다. 제품의 뚜껑은 재활용 소재 또는 식물에서 공급받은 바이오 소재를 사용하고, 환경에 해가 되는 셀로판 소재의 일회용 플라스틱 사용을 제한하는 등 포장재의 혁신을 통해 샤넬은 제품의 무게를 평균 30%, 크림의 경우 50%까지 줄였다. 누메로 엉 드 샤넬 크림의 뚜껑은 카멜리아 씨앗의 껍질을 활용한 것이다. 용기에 사용되는 잉크 역시 친환경 소재로, 기존의 종이 설명서는 모두 QR 코드로 대체되었다.

## 로레알, 플라스틱 재활용 기업 카비오스와 만나다

프랑스의 스타트업 카비오스CARBIOS는 플라스틱과 섬유 고분자를 분해하는 효소 바이오 공정을 개발하는 화학 기업이다. 글로벌 화장품 기업 로레알은 수백 년이 걸리는 플라스틱의 자연 분해 과정을 효소를 이용해 획기적으로 단축하는 카비오스의 기술이 로레알의 화장품 용기에도 곧 적용될 예정이라고 밝혔다. 로레알은 지난 2017년 효소 재활용 기술로 만든 플라스틱 소재 용기의 개발을 위해 카비오스, 네슬레 워터스 Nestlé Waters, 펩시코PepsiCo, 산토리 B&F 유럽Suntory Beverage & Food Europe 등과 컨소시엄을 설립하고 투자를 지속해 왔다.

로레알은 이미 2019년 화장품 포장재 분야의 글로벌 리더인 알베아Albéa와의 협력을 통해 종이 소재의 화장품 튜브 용기를 개발하였으며, 2020년에는 탄소 재활용 기업 란자테크LanzaTech, 에너지 기업 토탈Total과 협업을 통해 세계 최초로 산업에서 배출된 탄소를 활용한 플라스틱 화장품 포장재를 선보였다. 패키징 제작 과정에 대해 로레알은 "패키징 제작 과정은 총 세 단계로 진행된다. 란자테크가 산업에서 배출된 탄소를 포집해 생물학적인 과정을 통해 에탄올로 전환하면 토탈은 IFP 악센IFP Axens 과 공동으로 개발한 혁신적인 탈수dehydration 공정을 기반으로 에탄올을 에틸렌으로 전환한다. 이를 중합하여, 화석 연료를 만들었을 때와 동일한 기술적 특성을 지닌 폴리에틸렌을 만든다. 로레알은 이 폴리에틸렌으로 기존의 폴리에틸렌과 품질 및 특성이 동일한 용기를 제조할 수 있다"라고 소개했다.

로레알의 계획은 2025년까지 로레알에서 생산하는 화장품의 플라스틱 포장재를 100% 리필·재사용·재활용이 가능하거나 퇴비화가 가능하도록 만드는 것이라고 한다. 이후 2030년까지는 석유로 만든 버진 플라스틱Virgin plastics 이 아닌 재활용 재료 또는 바이오 기반 자원을 사용한 플라스틱 포장재를 사용하는 것이 목표라고 밝히고 있다.

## 톤28의 지구특공대

"환경을 생각하지 않습니다. 환경을 위해 활동합니다."

그렇다면 우리 기업들은 '클린 뷰티'라는 글로벌 이슈를 어떻게 해석하고 실천해 나가고 있을까? 2015년 작은 중소기업에서 출발한 톤28은 '소비자의 소비 행동이 곧 환경을 위한 실천'이라는 독특한 콘셉트와 맞춤형 구독 서비스로 시장을 사로잡았다. 브랜드 슬로건을 통해서도 알 수 있듯이 톤28의 지향은 철저하게 환경 친화적이다. 업계 최초로 종이 패키지를 개발해 상용화시킨 것은 물론 샴푸바 등 플라스틱 용기를 사용하지 않는 고체 제형의 제품으로 소비로 인한 환경 훼손의 죄책감을 덜어 주었다.

당시만 해도 생소했던 맞춤형 구독 서비스는 소비자 피부 진단 후 개개인의 피부 상태와 취향에 맞는 제품을 소량으로 제조해 매달 집으로 배달해 주는 서비스다. 한 달 사용분만 배송되는 제품은 사용 기간이 짧아 그만큼 방부제 등의 화학 성분을 적게 사용할 수 있는 장점이 있다. 구독 경제라는 트렌디한 유통 방식을 선택한 것도 혁신적이었지만, 이를 통해 성분의 친환경성을 강조한 셈이다.

톤28의 독특한 경영 방식은 '지구특공대'라는 소비자 활동을 통해서도 드러난다. 해양 쓰레기 1% 감소를 목표로 결성된 지구특공대는 톤28의 임직원과 소비자가 함께 참여하는 일종의 환경 보호 실천 크루다. 크루에 가입한 회원에게는 톤28 제품 할인, 캠페인 참여 기회 등을 제공한다. 이러한 톤28의 ESG 경영 방침은 뷰티 업계는 물론 국내외 중소기업과 스타트업의 모범 사례로 손꼽힌다.

## 버려지는 원료의 재탄생, 업사이클링 화장품

'제로 웨이스트' 운동 역시 미래 화장품 산업의 중요한 화두다. 제품의 차별화를 위해 진귀한 동식물을 찾아 헤매던 화장품 기업들은 이제 우리 주변에서 흔히 볼 수 있는 식물의 씨앗과 껍질, 상품 가치가 떨어지는 과일과 채소 등에 관심을 쏟고, 이를 화장품의 원료로 활용하는 것에 더 많은 노력을 기울이고 있다. 업사이클 Upcycle 은 업그레이드 Upgrade 와 리사이클링 Recycling 의 합성어로, 원료의 생산 또는 가공 과정에서 발생하는 부산물이나 폐기물을 새로운 제품으로 변환하는 과정을 의미한다.

국내에서는 친환경 브랜드 이든 Idden 을 운영하는 '서스테이너블랩'을 비롯해 업사이클링 스타트업 기업 브로컬리컴퍼니의 '어글리시크 UGLYCHIC', 와인 부산물을 활용하는 업사이클링 기업 디캔트 DECANT 의 '빈느와 VINOIR', 업사이클 뷰티 브랜드 '프리티 액츄얼리 PRETTY ACTUALLY' 등 인디 브랜드를 중심으로 업사이클링 제품 개발이 활발하게 이뤄지고 있다. 최근에는 소셜 벤처기업 슬록에서 화장품 시장에서 버려지는 불용 자원을 거래하는 B2B2C 자원 선순환 플랫폼 '노 웨이스트 NO WASTE'를 론칭해 새로운 시장을 개척해 나가고 있다.

대기업에서도 업사이클링에 대한 관심이 뜨겁다. 2018년부터 업사이클링 뷰티 프로젝트를 진행해 온 아모레퍼시픽의 이니스프리 Innisfree 는 커피 전문점 앤트러사이트와 협업을 통해 커피 추출물을 활용한 '커피 업사이클링 라인'을 론칭한 데 이어 2019년에는 맥주를 만들고 남은 밀, 보리 등의 부산물을 원료로 한 '제주 맥주 업사이클링 라인'을, 이듬해인 2020년에는 '못난이 당근 핸드 라인'을 선보여 주목받았다. 2021년 스타트업 기업 '도시광부'와의 업무 협약을 통해 커피 찌꺼기를 활용한 생활용품과 화장품 원료 개발을 약속한 LG생활건강은 2023년 상품성이 떨어지는 못난이 농작물에서 추출한 원료를 화장품에 활용하는 업사이클링 화장품 브랜드 '어글리 러블리 UGLY LOVELY'를 론칭했다.

커피 찌꺼기를 스크럽제의 재료로 활용해 젊은 층에 높은 지지를 얻고 있는 영국의 스타트업 화장품 기업 '업서클 UpCircle'을 비롯해 버려진 포도씨에서 얻은 물질로 화장품을 만드는 프랑스의 자연주의 화장품 브랜드 '꼬달리 Caudalie', 와인 제조 후 남은 포도 부산물을 원료로 하는 업사이클링 라인 '슈퍼 그레이프'를 출시한 '슈퍼 그레이프 Super Grape' 등 해외 시장에서도 업사이클링 화장품에 대한 기대와 관심은 매우 높은 상황이다. 이탈리아의 명품 브랜드 구찌 GUCCI가 출시한 '웨어 마이 하트 비츠'는 2022년 코티가 탄소 포집으로 생산된 알코올을 구찌에 공급해 탄생한 향수다.

## 리필 스테이션의 명암

리필 스테이션은 대용량의 화장품 또는 세제를 소비자가 원하는 만큼만 덜어서 판매하는 매장을 뜻한다. 기존 용기에 내용물만 덜어 판매하므로 포장재 쓰레기를 배출하지 않아도 되는 것은 물론 비교적 저렴한 가격에 필요한 양만큼만 구매할 수 있어 합리적이라 할 수 있다.

국내에 리필 스테이션이 붐을 이룬 것은 2020년 즈음의 일이다. 국내 최초의 리필 스테이션으로 소개된 망원동의 알맹상점은 세제류의 리필 판매를 시작으로 화장품 브랜드 아로마티카 등과의 협업을 통해 화장품 리필 판매를 진행해 왔다. 이후 아모레퍼시픽, LG생활건강 등의 대기업과 이마트, GS25, 세븐일레븐 등의 마트와 편의점에서도 잇따라 리필 스테이션을 운영하기 시작했다.

그러나 안타깝게도 이들 기업에서 운영하던 리필 스테이션 매장 대부분은 기대와 달리 한두 해를 넘기지 못하고 문을 닫거나 일부 세제류만을 판매하는 수준으로 축소 운영되고 있는 형편이다. 세제가 아닌 화장품류를 소분해서 판매하기 위해서는 맞춤형 조제관리사 자격증을 취득한 직원이 상주해야 하는 등 규제가 과도하기 때문이라는 지적도 있지만, 이에 대한 식품의약품안전처의 입장은 단호하다. 사용 후 바로 씻어 내는 세정 제품이 아닌, 발라서 흡수시키는 화장품의 경우 매장에서의 소분 판매로 인한 오염 가능성과 그로 인한 부작용을 배제할 수 없기 때문이다.

리필 스테이션 매장의 축소 운영 이유에 대해 한 대형 마트 관계자는 "수요가 충분치 않아서"라며 말끝을 흐렸다. 어쩌면 당연한 결과다. 기업의 입장에서는 명분보다는 실리가 중요할 것이고, 소비자에게 외면받는 명분은 기업의 실천에도 힘을 실어 주지 못한다.

2023년 한국소비자원의 조사에 따르면, 리필 매장 이용 의향을 묻는 질문에는 응답자의 81.3%가 긍정적이었으나 이용하지 않는 이유로는 유통 기한 등 상품 정보 확인 불가 24.3%, 전용 용기 구매 등으로 인한 불편함 21.1%, 품절·구매 불가 16.4%를 꼽았다. 리필 스테이션에서 화장품을 구매하려면 사용하던 용기를 완전히 세척 및 살균해서 가져가거나 매장에서 별도로 판매하는 리필 전용 용기를 구매해야 하는데, 이러한 번거로움을 감수하면서까지 멀리 있는 리필 매장을 방문하는 것이 현실적으로 쉽지 않은 탓이다. 결국 문제는 낮은 접근성, 이를 보완할 만한 시스템의 부재, 그리고 소비자의 인식 부족이다.

### 클린 뷰티, 그 불편한 책임에 대해

책의 마지막 장에서야 클린 뷰티에 관한 이야기를 끄집어낸 이유도 현실에서 마주한 리필 스테이션의 문제와 크게 다르지 않다. 지금까지 언론 매체와 SNS 등에서 논란이 되었던 화장품 속 화학 성분과 유해 물질 대부분은 인체에 치명적인 해가 될 것이라는 공포가 유명세를 뒷받침했다. 그중 일부는 실제로 인체에 해를 끼칠 가능성이 있어 법령을 통해 엄격한 규제를 가하게 되었지만, 또 일부는 알려진 것과 달리 위해성을 입증할 만한 근거가 부족함에도 억울한 곤욕을 치르고 있다.

화장품은 다양한 성분의 물리적·화학적 변화를 거쳐 만들어지는 새로운 화합물이다. 따라서 성분 하나하나의 유해성을 따져 위해성을 판단하거나, 성분의 천연 여부만을 놓고 좋고 나쁨을 따지는 것은 어리석다. 천연 성분이라 해서 무조건 피부에 이로운 것도 아닐뿐더러 설령 피부에 이로운 성분이라 해도 그것을 생산 또는 채집하는 과정이 자연에 위해를 가하는 것이라면 클린 뷰티의 관점에서 우리의 소비는 정당성을 인정받기 어렵다. 인체에는 해가 되지 않는 성분일지라도 그것이 자연으로 돌아갔을 때 환경 파괴의 원인이 된다면 그 또한 가치 있는 소비와 거리가 멀다.

그러하기에 클린 뷰티는 천연의 것에 대한 단순한 동경이 아니다. 미래의 클린 뷰티는 우리를 더 많이 불편하게 하고, 손해가 나는 것처럼 여겨지거나 덜 아름답게 보이는 것을 선택해야 하는 일일 수도 있다. 그럼에도 불구하고 지켜야 할 숭고한 가치가 있음을 기억하는 것은 소비자와 기업 모두의 가치와 책임일 것이다.

# <참고문헌>

## 논문 및 보고서

· Maeve C Cosgrove 외, Dietary nutrient intakes and skin-aging appearancer among middle-aged American women, The American Journal of Clinical Nutrition(86)(4), 2007.
· Michael S. Roberts, Realistic exposure study supports the use of zinc oxide nanoparticle sunscreens, University of Queensland, 2018.
· 수분크림과 마유크림의 수분과 유분의 지속성 변화 연구, 건국대학교 산업대학원, 김효진, 2015.8.
· 원애, AI 기능이 탑재된 홈 뷰티 디바이스의 마케팅 전략에 관한 연구, 한성대학교 예술대학원 석사학위논문, 2022.
· 한아름, 인공지능(AI) 기술 기반 제품 디자인 사례 연구, 한국디자인문화학회, 2020.


## 국가 기관 및 단체

· 2020년 화장품산업 분석 보고서, 한국보건산업진흥원.
· 가습기살균제 건강피해 인정 관련 연구자료, 가습기살균제 피해지원 종합포털.
· 기능성 화장품 바로 알기, 식품의약품안전처.
· 내년 7월부터 화장품에 미세 플라스틱 넣을 수 없다, 식품의약품안전처.
· 스마트 헬스케어 기술·표준 전략 보고서, 식품의약품안전평가원.
· 올바른 화장품 사용, 식품의약품안전처.
· 이슈 추적, 진실을 이렇다!, 대한화장품협회.
· 자외선 차단제 바로 알고 올바르게 사용하세요, 식품의약품안전평가원. 2014.5.
· 질 세정제? 외음부 세정제? 똑똑하게 사용해요!, 식품의약품안전처.
· 필오프 타입 착색 지속형 네일 팩 화장료 조성물 및 이의 제조방법, ㈜나우코스, 2015. 대한민국특허청
· <의약품상세정보>, 약학정보원.
· <의약품통합정보시스템>, 의약안전나라.
· <화장품 성분 사전>, 대한화장품협회.
· <화장품법>, <시행령>, <시행규칙>, 국가법령정보센터.


## 칼럼 및 기사

· EWG 등 불량 정보가 화장품 케미포비아 확산, CNCMEWS, 2020.12.
· K-뷰티, 우연의 신화는 없다. 성신-임명섭 한국학연구소, 한국학 휘보, 2022.3.vol.1.
· 경계를 허문 AI 기술로 뷰티 산업을 혁신하라, 전자신문, 2024.3.26.
· 당신이 몰랐던 신체의 pH 밸런스, 더시그니처매거진, 2018.7.
· 먹는 화장품 잘~ 먹힌다, 경향신문, 2017.11.
· 미세 플라스틱 대체 넘어 비건 넘본다, 더케이뷰티사이언스, 2021.2.
· 보디보습제 vs 얼굴보습제, 차이가 뭘까?, 헬스경향, 2021.12.
· 봄볕 완벽하게 차단하기, 보그 코리아, 2016.4.
· 부기 빼는 '나이트 루틴' 공개… 뭔지 봤더니?, 환승연애2 이나연, 헬스조선, 2024.9.
· 뷰티 테크로 무장한 파우더룸, IBK 기업은행 매거진 가을호, 2023.10.
· 선크림 SPF 경쟁, 결국 조작까지…일상에선 10이면 충분, 노컷뉴스, 2021.2.
· 신성장품목 수출동향과 시사점, TRADE BRIEF, 2020.5.
· 어디까지 알고 있니?…'젤 크림' 똑소리나는 활용팁, 헬스경향, 2014.7.
· 요즘은 마스크팩의 시대, 놀라운 팩의 효능 4, 하이닥, 2016.2.
· 이제 "먹는 화장품" 시대…'이너뷰티' 시장 급속 확산, 경향신문. 2017.11.
· 자외선의 계절…선크림 알고 바르자, 우먼타임스. 2024.7.
· 자외선차단제, 자외선차단지수(SPF)와 자외선A 차단등급(PA) 확인 후 구매, 식약일보, 2023.6.
· 잘 나가는 '염색샴푸' 장단점 비교해 봤다, 헬스조선, 2023.6.

· 정기적인 머리 염색, 암 발생에 별다른 영향 없다, 연합뉴스, 2020.09.
· 최고의 피부관리는 숙면으로부터!, 헬스조선, 2013.12.
· 코팅 방식 염색샴푸, 갈변 방식보다 더 어둡게 염색…거칠기 개선, 뉴스1, 2023.6.
· 파라벤[下] 국제 위해전문가들의 결론은?, CNCMEWS, 2018.10.
· 화장솜, 모양에 따라 쓰임새가 다르다고요?, 머니투데이, 2017.3.
· 화장품 EWG등급으로 인한 소비자 불안 증폭…마케팅에 속는 건 아닐까, 헬스경향, 2021.
· [선크림] 태양을 피하는 방법, 태양에서 노는 방법, 매일경제, 2016.6.


## 도서

· 김규배 외, 소비자행동론, 박영사, 2019.
· 김상용, 마케팅 키워드 101, 김상용, 2013.
· 김용옥 외 공역, 해부생리학, 라이프사이언스, 2015.
· 김주덕 외 공역, 신화장품학, 동화기술, 2004.
· 김주덕 외 공저, 화장품과학, 수문사, 2002.
· 김주덕·신정은, 최신화장품학, 광문각, 2018.
· 리타 슈티엔스, 깐깐한 화장품 설명서, 전나무숲, 2009.
· 박면용 외, 화장품과학, 녹문당, 2015.
· 박초희, 알기 쉬운 화장품 성분학, 메디시언, 2021.
· 오경희, 비싼 화장품, 내게도 좋을까?, 머메이드, 2023.
· 윤경섭, 화장품학, 구민사, 2019.
· 조애경, 깐깐 닥터 조애경의 W 뷰티, 랜덤하우스, 2010.
· 폴라 비가운, 나 없이 화장품 사러 가지 마라, 중앙북스, 2008.
· 하루야마 유키오, 화장의 역사, 사람과책, 2004.
· 홍란희 외, 최신 피부과학, 광문각, 2012.
· 황순옥, 화장품! 당신의 피부를 닮는다, 다음생각, 2011.

화장품 사용자의 필독 교양서

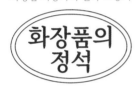

화장품의
정석

초판 1쇄 인쇄    2025년  2월  10일
초판 1쇄 발행    2025년  2월  20일

**지은이** | 김주덕, 김지은, 김행은, 곽나영
**감수** | 지홍근, 한지수, 황선희, 박초희, 백혜연
**펴낸이** | 박정태
**편집이사** | 이명수              **출판기획** | 정하경
**편집부** | 김동서, 박가연
**마케팅** | 박명준, 박두리          **온라인 마케팅** | 박용대
**경영지원** | 최윤숙

펴낸곳      북스타
출판등록    2006. 9. 8 제 313-2006-000198 호
주소        경기도 파주시 파주출판문화도시 광인사길 161 광문각 B/D 4F
전화        031)955-8787
팩스        031)955-3730
E-mail      kwangmk7@hanmail.net
홈페이지     www.kwangmoonkag.co.kr

ISBN        979-11-88768-89-9 03590
가격        22,000원